Arnab Kundu
Manish Mukhopadhyay
Ayan Banerjee

Retificação de Inconel 718 com mó de alumina

Arnab Kundu
Manish Mukhopadhyay
Ayan Banerjee

Retificação de Inconel 718 com mó de alumina

Uma investigação experimental

ScienciaScripts

Imprint

Cover image: www.ingimage.com

This book is a translation from the original published under ISBN 978-620-2-07645-6.

Publisher:
Sciencia Scripts
is a trademark of
Dodo Books Indian Ocean Ltd. and OmniScriptum S.R.L publishing group

120 High Road, East Finchley, London, N2 9ED, United Kingdom
Str. Armeneasca 28/1, office 1, Chisinau MD-2012, Republic of Moldova, Europe
Printed at: see last page
ISBN: 978-620-7-93310-5

ÍNDICE DE CONTEÚDOS

RESUMO

Neste mundo em constante mudança de necessidades de fabrico, a investigação e o desenvolvimento constantes na procura de propriedades mecânicas e metalúrgicas superiores conduziram à utilização extensiva de ligas Inconel, especialmente superligas à base de níquel. A retificação destas superligas é um processo de acabamento importante, uma vez que são amplamente utilizadas no fabrico de pás de turbinas, combustores, vedantes, rotores de turbocompressores, fixadores, tubos de permutadores de calor, geradores de vapor, etc. No entanto, a retificação de superligas à base de níquel coloca alguns problemas. Certas propriedades destas ligas de Inconel, nomeadamente a elevada resistência e dureza, juntamente com a resistência a altas temperaturas e à corrosão, que as tornam comercialmente atractivas, também fazem do Inconel um material difícil de retificar, principalmente devido à elevada carga intensa da mó, à deterioração da superfície da peça e à elevada produção de calor. Tem de ser selecionada uma mó adequada para minimizar as forças de corte e reduzir o desgaste da mó e a temperatura de corte, particularmente durante a retificação a seco. É necessário desenvolver um método de arrefecimento eficiente para reduzir as forças de retificação globais e o consumo específico de energia. Na presente investigação, foram realizadas experiências para fazer um estudo comparativo da capacidade de retificação da liga Inconel 718 com uma mó de alumina e um avanço de 10 μm em cinco condições ambientais diferentes: retificação a seco, a húmido com aplicação gota a gota de água com sabão, a húmido com fornecimento de microjactos de água com sabão, retificação assistida por CO_2 líquido e retificação assistida por CO_2 líquido com fornecimento de microjactos de água com sabão. Foi referido que a utilização de CO_2 líquido no caso da retificação de uma liga resistente a altas temperaturas, como o Inconel 718, pode não ser recomendada, uma vez que aumenta as forças e a energia específica. Além disso, trata-se de um processo dispendioso que coloca alguns problemas, como o congelamento dos tubos de distribuição, etc. A retificação com microjactos de água com sabão dá os melhores resultados em termos de forças de retificação e consumo específico de energia, bom acabamento superficial, relação G e formação de aparas de retificação favoráveis.

Capítulo 1: INTRODUÇÃO

A retificação é um processo abrasivo bem conhecido que utiliza uma mó abrasiva. O material indesejado é removido da peça de trabalho sob a forma de aparas microscópicas pela mó, que é composta por um grande número de arestas de corte constituídas por grãos abrasivos duros e afiados, fortemente fixados na mó por um material de ligação adequado. Este processo tornou-se bem conhecido na indústria transformadora e é utilizado para controlar a remoção de material e obter um melhor acabamento superficial, especialmente em trabalhos de metais, ligas, carbonetos, cerâmicas, compósitos de matriz metálica, etc. O processo de retificação resulta numa melhoria da precisão geométrica de um componente (0,02 mm de tolerância) e num acabamento superficial de 0,1 um Ra [1]. A retificação resulta numa melhoria da precisão e do acabamento superficial obtido, que pode ser até dez vezes melhor do que com o torneamento ou a fresagem [2]. O mecanismo principal de remoção de material na retificação é apresentado na Fig. 1.

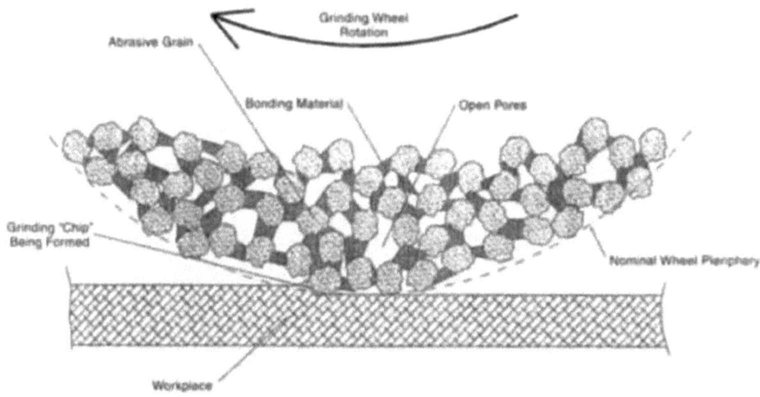

Fig. 1: Mecanismo de remoção de material na retificação [3]

Os grãos abrasivos não têm uma forma definida e têm um ângulo de inclinação muito variável (-30° a 75°). Devido a este facto, a velocidade de corte é mantida muito elevada (2800- 6500 rpm na retificação de superfícies) [4], o que resulta numa elevada necessidade de energia específica e em temperaturas elevadas na zona de corte. Alguns problemas agudos, como o carregamento e o envidraçamento do rebolo, também estão associados à retificação. Para utilizar a retificação de forma eficiente e melhorar a capacidade de retificação, tem de ser selecionada uma combinação adequada de mó e peça, tendo em conta várias restrições, como as acima referidas.

A retificação de alguns materiais exóticos (ligas à base de Ni ou Ti) é difícil, uma vez que apresentam propriedades de endurecimento por trabalho e elevada resistência a temperaturas elevadas. Estas ligas são designadas por materiais difíceis de maquinar. Um desses materiais comuns é a conhecida superliga à base de níquel, Inconel 718, que está a ser amplamente utilizada desde a última década nos sectores aeroespacial, dos transportes e da energia. Sendo endurecível por precipitação, esta liga de níquel-crómio tem uma elevada resistência à rutura por fluência a altas temperaturas (até cerca de 700°C). A elevada dureza e a elevada resistência a quente, para além da baixa condutividade térmica, fazem do Inconel 718 um material difícil de maquinar. Problemas como as elevadas forças de retificação e as temperaturas extremas geradas levam a uma má qualidade da superfície do Inconel

718 e a uma redução da vida útil da mó. A revisão da literatura apresentada lança alguma luz sobre as dificuldades enfrentadas na maquinação e retificação do Inconel 718 por métodos convencionais. A aplicação de fluidos de corte convencionais na zona de retificação não é muito eficaz devido a várias razões. Neste sentido, a lubrificação de quantidade mínima (MQL), o arrefecimento criogénico e a utilização de fluidos de corte biodegradáveis são algumas das alternativas a utilizar. As ferramentas adequadas têm de ser seleccionadas para minimizar as forças de corte, para ter a máxima resistência das arestas e para reduzir as temperaturas de corte.

No presente trabalho, foi realizado um trabalho experimental para descobrir as condições de corte óptimas para a trituração do Inconel 718, através de um estudo comparativo em diferentes condições ambientais, ou seja, trituração a seco, trituração a húmido com aplicação gota a gota de água com sabão, trituração a húmido com fornecimento de água com sabão por microjacto, trituração assistida por CO_2 líquido, trituração assistida por CO_2 líquido com fornecimento de água com sabão por microjacto.

Capítulo 2: RETIFICAÇÃO - BÁSICAS E FUNDAMENTOS

2.1 REMOÇÃO DE MATERIAL NA RECTIFICAÇÃO

Ao contrário da maquinagem convencional, o mecanismo de remoção de material na retificação é bastante complexo devido à geometria desfavorável e aleatória dos grãos abrasivos. A interação entre a mó e a peça de trabalho pode ser dividida nas quatro categorias seguintes:

1. Interação entre o grão e a peça de trabalho
2. Interação entre as aparas e a ligação da roda
3. Interação entre as aparas e a superfície da peça de trabalho
4. Interação entre a ligação e a peça de trabalho

A interação grão-peça é a única responsável pela produção de aparas, enquanto as restantes três aumentam indesejavelmente as forças de retificação e a potência necessária. Assim, para melhorar a capacidade de retificação, a interação grão-peça deve ser maximizada, enquanto as outras devem ser minimizadas tanto quanto possível [5]. Na retificação, os três principais modos de remoção de material são apresentados de seguida:

1. **cisalhamento**: As aparas com geometria favorável são formadas por deformação como nos processos de maquinagem convencionais.

2. **Lavrar**: ocorre o deslocamento do material da peça de trabalho em ambos os lados, resultando no aspeto de folha das aparas.

3. **Fricção:** A ponta dos grãos abrasivos esfrega contra a peça de trabalho, e a fricção aumenta com o crescimento dos planos de desgaste.

Inicialmente, quando um grão abrasivo desliza sobre a superfície da peça de trabalho por uma pequena distância, a interação entre o grão e a peça de trabalho não pode alterar a topografia da superfície de forma permanente, uma vez que a interação ocorre apenas na região elástica e recupera devido ao efeito de retorno elástico, quando a interação termina. Esta fase é conhecida como fricção. De seguida, inicia-se a fase de lavrar, que se caracteriza por uma penetração crescente dos grãos na superfície da peça de trabalho, com o movimento para a frente dos grãos ao longo da superfície da peça de trabalho. Aqui, a interação ocorre nas regiões elástica e plástica sem qualquer remoção significativa de material. Finalmente, quando as tensões de corte acabam por ultrapassar as tensões de rutura do material da peça, o material lavrado à frente da granalha é removido sob a forma de aparas, que são de tamanho microscópico. Esta fase é designada por cisalhamento. O cisalhamento e a lavra desempenham um papel importante na influência do consumo de energia, na qualidade da superfície e na eficiência global do processo de retificação, enquanto a fricção tem uma contribuição insignificante para a remoção de material e apenas aumenta a necessidade específica de energia. Normalmente, o cisalhamento é responsável por cerca de 75% da energia total de formação de aparas, enquanto os restantes 25% são devidos ao atrito entre as aparas e a ferramenta [6]. Os diferentes modos dos mecanismos de retificação são apresentados na Fig. 2.

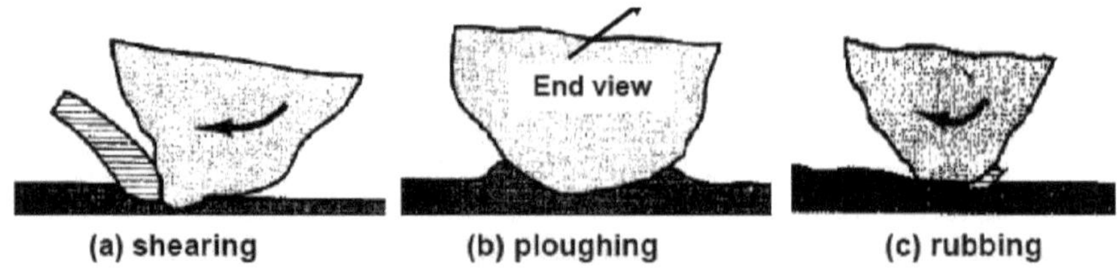

Fig. 2: As granalhas trabalham em cisalhamento, lavra e fricção [5]

Opoz et al. [7] efectuaram um ensaio de riscagem em Inconel 718 e observaram que era produzida uma apara mesmo com uma profundidade de corte muito baixa (inferior a 0,5 μm) sob a forma de uma folha rasgada, com origem na superfície da peça, apesar de a fricção e a lavra também estarem presentes. Komanduri [8] estudou o mecanismo de retificação com uma ferramenta de diamante. A formação de aparas foi observada até ângulos de ataque de -75°. Wang et al. [9] efectuaram um teste de riscagem com uma ferramenta cónica de diamante numa liga de titânio puro, com profundidades de riscagem de 60 μm e uma velocidade de corte de 0,54 m/s. Foi observado que existem quatro zonas na região de interação, nomeadamente, uma zona de estagnação, uma zona de lamelas com bandas de cisalhamento, uma zona de subcamada endurecida e uma zona de propagação durante o desenvolvimento da crista frontal no ensaio de riscagem.

2.2 SELECÇÃO DE UMA MÓ

Uma mó é constituída por três componentes: partículas abrasivas (grãos), ligantes e poros. Para além destes componentes, podem também ser adicionados materiais de enchimento e auxiliares de retificação [6]. Ao selecionar uma mó para qualquer trabalho, é necessário ter em conta os seguintes factores:

- Material de trabalho: Para materiais de trabalho convencionais, como metais macios e de dureza média e ligas, incluindo aços e ferro fundido, são seleccionadas rodas convencionais com alumina ou carboneto de silício [1]. As mós de alumina são utilizadas para metais fortes e duros, como os aços, os aços rápidos, etc.

- Integridade da superfície desejada: A integridade da superfície abrange tanto a rugosidade visível da superfície como os danos térmicos invisíveis na superfície ou subsuperfície, como a oxidação, a queima da superfície, as tensões residuais de tração, etc. As rodas de grão fino são obviamente utilizadas para um melhor acabamento da superfície.

- Diâmetro do disco: Devem ser seleccionadas rodas com um diâmetro maior, na medida do possível, para obter uma velocidade de corte elevada e uma melhor capacidade de desbaste.

- Tipo e natureza da operação de retificação: O tamanho do grão e o tipo de liga são fundamentais para decidir o tipo de mó para as várias operações de retificação. Por exemplo, os grãos grossos são necessários para acabamento e requisitos de elevada rugosidade superficial, enquanto os grãos finos são utilizados quando a remoção de material pesado e a baixa rugosidade superficial são os principais requisitos. Mais uma vez, as ligas vitrificadas são utilizadas para retificação de precisão, enquanto as ligas oleosas e resinóides são adequadas para a retificação em bruto [10].

As mós estão disponíveis em diferentes formas e tamanhos e são constituídas por abrasivos variados, como se mostra na Fig. 3.

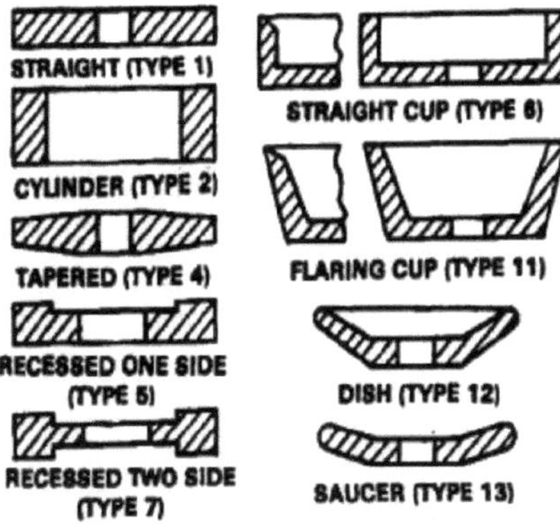

Fig. 3: Tipos normais de mós [11]

2.2.1 Especificação do rebolo

Uma mó requer dois tipos de especificações

- Especificação geométrica
- Especificação da composição

Especificação geométrica: Esta especificação é determinada pelo tipo de máquina de retificação e pelo tipo de operações de retificação a realizar na peça. Este tipo de especificação inclui principalmente o diâmetro da mó, a largura e a profundidade do aro, juntamente com o diâmetro do furo. Por exemplo, o diâmetro da mó pode ter uma altura de 400 mm, como na retificação de alta eficiência, ou ser tão pequeno como 1 mm, quando utilizado na retificação interna. A Fig.4 mostra as configurações padrão das mós de retificação convencionais.

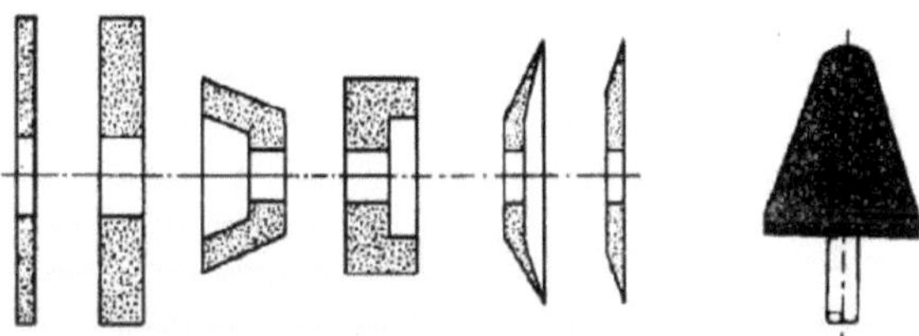

Fig. 4: Configuração da mó para mós de Al_2O_3 , SiC [12]

Especificação da composição: De um modo geral, a especificação da composição refere-se à composição (ligas, abrasivos, tipo) da mó. As mós abrasivas convencionais são especificadas tendo em conta os seguintes parâmetros:

- tipo de grão abrasivo
- tamanho médio do grão abrasivo
- dureza da roda (resistência da ligação utilizada)

- estrutura da roda que indica a porosidade, ou seja, a quantidade de espaçamento entre os grãos

- tipo de material de ligação (vitrificado, resinoide, goma-laca, borracha)

A Fig. 5 apresenta uma especificação típica de uma mó convencional, juntamente com o significado dos símbolos.

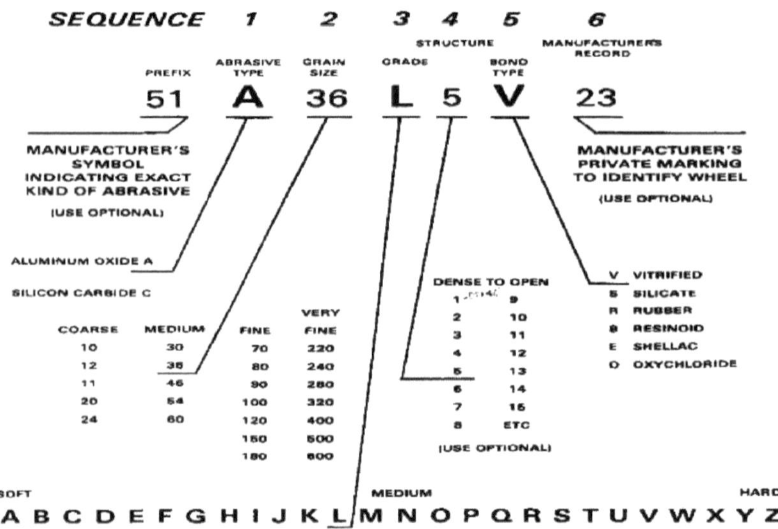

Fig. 5: Especificação da mó [13]

Quase todos os símbolos utilizados são de natureza bastante auto-explicativa. O símbolo ao lado do tipo de grão abrasivo indica o tamanho médio do grão, ou número de grão, que é uma função do número de malha (especificado como fios por polegada linear) do ecrã (peneira) utilizado para classificar sequencialmente os grãos. Um número elevado indica um tamanho de grão mais pequeno. A peneiração (crivagem) é geralmente utilizada para calibrar os grãos abrasivos convencionais.

2.3 EFEITOS TÉRMICOS NA TRITURAÇÃO

Durante a trituração, é gerado muito calor devido à enorme quantidade de energia mecânica gasta em vários mecanismos de remoção de aparas, como o corte, a lavra, etc. Grande parte da energia mecânica é convertida em calor. A distribuição do calor gerado depende do posicionamento, da dimensão e da condutividade térmica da ferramenta e do trabalho, bem como do estado da maquinagem e das arestas de corte. O calor é geralmente dissipado da seguinte forma:

- As aparas descartadas transportam cerca de 60-80% do calor total gerado.
- A peça de trabalho actua como um dissipador de calor que absorve 10-20% do calor.
- A ferramenta de corte também retira cerca de 10% do calor total.

2.3.1Efeitos da produção de calor

Uma temperatura de moagem tão elevada tem vários efeitos desfavoráveis:

1. Na peça de trabalho ou no produto: Imprecisão dimensional, deterioração da integridade da superfície por oxidação, corrosão, queima, etc. [1].

2. Na mó: Rápido embotamento das pontas dos grãos por atrito, fratura, carregamento da mó por entupimento de aparas dúcteis na superfície da mó.

Os vários efeitos térmicos prejudiciais na retificação da peça e do rebolo são enumerados a seguir:

- **Queimadura da peça de trabalho:** Este é o defeito térmico mais comum na retificação. A queima da peça de trabalho é frequentemente indicada por linhas de cor azulada na peça de trabalho, como resultado da formação de uma camada de óxido. A queima ocorre quando as temperaturas de retificação excedem um limite crítico.

- **Tensões residuais:** A retificação resulta invariavelmente na geração de tensões residuais nas proximidades da superfície acabada, o que afecta gravemente o comportamento mecânico do material de trabalho. Isto ocorre devido à deformação plástica não uniforme.

- **Carga do rebolo**: Um dos principais efeitos das temperaturas de retificação é a carga do rebolo, que pode ser definida como a aderência do material rectificado aos grãos abrasivos ou a sua incorporação em espaços vazios na superfície do rebolo, produzindo aparas dúcteis. Isto leva a que os grãos da mó fiquem baços, resultando em fricção e vibração excessivas. Também aumenta a força de corte e a temperatura e reduz a vida útil da roda. Neste caso, os grãos baços e as aparas são removidos (esmagados ou caídos) com uma ferramenta de afinação adequada para criar arestas de corte afiadas e, simultaneamente, fazer recessos para as aparas através de uma extrusão adequada para ganhar arestas de corte. Esta operação é conhecida como **afiação**. A afiação é necessária em intervalos definidos para manter a nitidez das arestas e a saliência do grão. Os métodos convencionais de afinação envolvem a utilização de ferramentas que permanecem em contacto com a roda durante toda a operação de afinação. Nos métodos de afinação convencionais, são utilizados paus abrasivos, discos de afinação e ferramentas com ponta de diamante. Estes procedimentos de afinação são morosos e provocam um grande desgaste da mó e da ferramenta de afinação. Para ultrapassar estas deficiências, foram investigados e desenvolvidos procedimentos de afinação em processo. Estes procedimentos podem ser aplicados eficazmente no rebolo durante a operação de retificação (em processo). Além disso, os métodos são do tipo sem contacto, o que evita o desgaste e a deformação do rebolo e do dressador, uma vez que as forças de dressagem são eliminadas. Estes processos podem ser considerados como métodos de afinação não convencionais. Os principais métodos não convencionais utilizados para a afinação baseiam-se em diferentes operações de maquinagem não tradicionais e são os seguintes

(1)Maquinação por Electro-Descarga com base em Dressing (EDM)

(2)Tratamento eletrolítico em processo (ELID)

(3)Pensos à base de laser

Os métodos convencionais são eficazes para rebolos com grãos abrasivos mais grosseiros e com ligação vitrificada, uma vez que os abrasivos de uma máquina de afiar podem facilmente corroer a ligação vitrificada. O laser é preferido nos casos em que a única preocupação é a exatidão, a precisão e um acabamento superficial muito elevado. O processo é muito rápido e é aplicado a rodas com ligação de resina ou metal. O diamante é preferido como abrasivo porque resiste eficazmente aos danos térmicos (grafitização, tensões residuais e microfissuras) devido à sua elevada dureza.

2.3.2Métodos de controlo das temperaturas de moagem

Para controlar as temperaturas de moagem, as estratégias normalmente adoptadas são:

- Seleção adequada da combinação de materiais e ferramentas de corte, bem como da sua geometria.
- Seleção cuidadosa da velocidade de corte e da profundidade de corte.
- Aplicação eficiente de fluidos de corte.

Algumas das técnicas para medir as temperaturas de moagem são:

1. **Técnica do termopar incorporado**: A Fig. 6 mostra o funcionamento de um termopar incorporado padrão, que pode monitorizar as temperaturas da peça a uma profundidade predefinida da zona de retificação. A temperatura registada num osciloscópio é máxima quando o termopar se aproxima muito da zona. A temperatura diminui gradualmente com o aumento da profundidade de retificação. Mas esta técnica tem limitações. A temperatura da superfície não pode ser medida, mas pode ser estimada por extrapolação do gráfico de temperatura versus profundidade. É bastante dispendioso e demorado efetuar um furo na peça de trabalho. As suas respostas transitórias também são limitadas devido à sua massa e à distância dos pontos de contacto imediato.

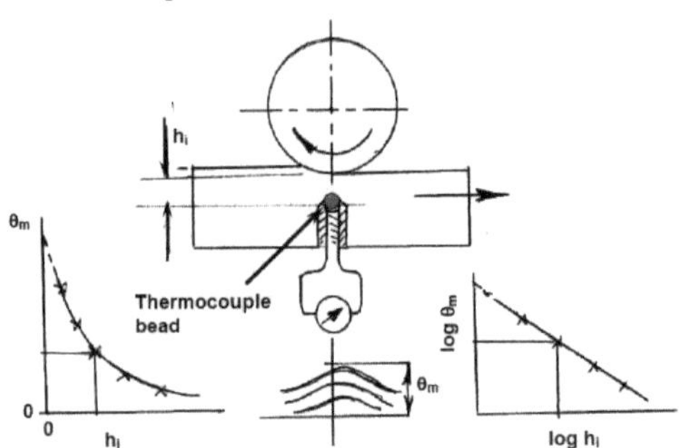

Figura 6: Técnica de termopar incorporado [14]

2. **Técnica de película PVD (Physical Vapour Deposition)**: Esta técnica requer, em primeiro lugar, que a peça de trabalho seja separada em duas partes co-axiais com a direção de retificação. As superfícies interiores de ambas as peças são rectificadas e lapidadas até obterem uma superfície espelhada. Um material com um ponto de fusão definido é depositado a vapor nas superfícies interiores. As duas peças são fixadas uma à outra e rectificadas. Quando a interface é observada com um microscópio após o ensaio de retificação, a fronteira entre a zona da película fundida e a zona da película não fundida na interface é claramente identificável.

3. **Técnica fotográfica de infravermelhos:** Este é um método moderno que se baseia na captura de fotografias de infravermelhos de superfícies aquecidas da ferramenta, da limalha e/ou da peça de trabalho para obter e traçar a distribuição da temperatura nessas zonas. Assim, os perfis de temperatura apropriados são registados num computador. A alteração de qualquer parâmetro de maquinagem afecta o padrão de franjas que, em última análise, afecta a temperatura de corte. No entanto, existem algumas limitações. É necessário um tempo de exposição de 10-15 s, uma vez que a sensibilidade da placa fotográfica de infravermelhos não é elevada. Além disso, é necessário pré-aquecer a peça de trabalho entre 350-500°C, para obter padrões de temperatura completos do processo.

2.4 FLUIDOS DE CORTE

A retificação está associada a um aquecimento localizado extremamente elevado devido à elevada velocidade e à necessidade de energia específica consideravelmente elevada. A acumulação de calor resulta numa temperatura superficial elevada que, invariavelmente, causa vários danos térmicos, como a oxidação, a queima, o desenvolvimento de tensões residuais de tração e fissuras na superfície e na subsuperfície. Estes factores reduzem a resistência e a vida à fadiga, aceleram a corrosão química, conduzem à propagação de fissuras e à distorção de materiais frágeis, durante a retificação [15]. Estes problemas são ultrapassados através do arrefecimento e da lubrificação. A principal função dos fluidos de corte é o arrefecimento de ferramentas, peças e partes de máquinas. Além disso, os fluidos de corte podem lavar as aparas de metal, proteger a superfície da peça de trabalho da corrosão e também reduzir a força de atrito. Os fluidos de corte/trituração normalmente utilizados são:

- **Jato de ar ou ar comprimido:** O jato de ar é geralmente utilizado para arrefecimento e limpeza quando a maquinagem de materiais como o ferro fundido cinzento se torna difícil com líquidos de arrefecimento.

- **Água:** A água é considerada o melhor refrigerante devido às suas propriedades adequadas de humedecimento e espalhamento e ao seu calor específico bastante elevado, pelo que é utilizada quando o arrefecimento é urgentemente necessário.

- **Óleos solúveis:** A água actua como refrigerante, mas não lubrifica. Além disso, a utilização exclusiva de água pode danificar o arranjo máquina-fixação-ferramenta (MFTW) pela formação de ferrugem. As emulsões (normalmente designadas por óleos solúveis em água) são uma suspensão de gotículas de óleo (óleos de base mineral, parafínica ou nafténica) em água. São feitas através da mistura do óleo com agentes emulsionantes e outros materiais, de modo a formar gotículas de óleo com 0,0002 a 0,00008 polegadas de diâmetro quando misturadas com água [16].

- **Óleos de corte:** Um fluido de corte pode ser um óleo de origem petrolífera, animal ou vegetal, isoladamente ou em combinações. O óleo de petróleo pode variar na sua origem, como nafténico ou parafínico, e na gama de viscosidade, de muito baixa a muito alta, dependendo da aplicação pretendida. Alguns aditivos EP (Extra Pressure) são também utilizados para diminuir a fricção, a aderência e a formação de arestas acumuladas em cortes pesados.

- **Fluidos químicos:** Estes fluidos químicos são, na sua maioria, à base de água, em que materiais orgânicos e alguns inorgânicos são dissolvidos em água para aumentar a ação lubrificante.

- **Lubrificantes sólidos ou semi-sólidos:** Exemplos de lubrificantes como pastas, sabões, ceras, grafite, dissulfureto de molibdénio (MoS_2) são frequentemente utilizados, quer aplicados diretamente na superfície da peça, quer impregnados na ferramenta, de modo a reduzir o atrito e, consequentemente, as forças de corte, a temperatura e as ferramentas. Shaji et al. [17] investigaram a eficácia do fluoreto de cálcio como lubrificante sólido na retificação. Foi relatado que a relação entre as forças tangenciais e normais foi reduzida. Além disso, a temperatura de retificação e a rugosidade da superfície diminuíram consideravelmente. Durante as fases iniciais da retificação, o desgaste da mó também foi menor, tornando o CaF_2 uma alternativa eficaz e amiga do ambiente aos fluidos de corte.

- **Fluido de corte criogénico:** Estes representam fluidos modernos à base de gás (com temperaturas extremamente baixas), como o N_2 líquido ou o CO_2 líquido, que estão a ser amplamente utilizados em algumas aplicações críticas sem criar riscos para a saúde ou para o ambiente. Trata-se de um processo notavelmente bem-sucedido que utiliza um bocal especialmente concebido, localizado a uma distância e ângulo de afastamento adequados, para emitir um jato de azoto líquido a muito alta velocidade na zona de trituração.

- **Nanofluidos**: Trata-se de uma nova categoria de fluidos fabricados através da dispersão de partículas sólidas de dimensão nanométrica em fluidos de base, nomeadamente água, etilenoglicol, fluidos de corte, etc., para melhorar propriedades como a condutividade térmica e o coeficiente de transferência de calor por convecção. Estas propriedades tornam os nanofluidos bastante atractivos em algumas aplicações de refrigeração e/ou lubrificação nas indústrias transformadora, dos transportes, da energia e eletrónica.

2.4.1 Eliminação e reciclagem de fluidos de corte

Atualmente, a eliminação de fluidos de corte está a tornar-se cada vez mais significativa devido a alterações nos regulamentos ambientais das indústrias. Os fluidos metalúrgicos usados (MWFs) contêm frequentemente algum óleo mineral, após o que se torna necessário eliminá-los. Mesmo os sintéticos isentos de óleo ficam geralmente contaminados com óleos lubrificantes quando são utilizados, o que exige um tratamento especial para remover os componentes solúveis em óleo antes de poderem ser drenados numa torre sanitária. Além disso, algumas substâncias incluídas na composição dos fluidos de corte podem causar problemas no ambiente de trabalho e também no seu processo de eliminação [18]. Atualmente, os custos associados à eliminação de fluidos tornam-se geralmente iguais e, por vezes, excedem mesmo o custo de aquisição de novos fluidos. No final da década de 1970, a tecnologia de reciclagem de fluidos de refrigeração estava a ser desenvolvida para reciclar principalmente os fluidos metalúrgicos de forma contínua, evitando a sua eliminação. Os sistemas de reciclagem podem reduzir os custos do novo concentrado de fluido em quase 50%. Podem também eliminar virtualmente a eliminação do fluido usado e podem diminuir significativamente o tempo de inatividade da máquina associado à bombagem. Durante a reciclagem, as instruções de gestão do líquido de refrigeração devem ser rigorosamente seguidas. Assim, investir na reciclagem e gestão de fluidos de alta qualidade é imperativo para aumentar a eficiência e a rentabilidade da fábrica.

2.5 FORMAÇÃO DE REBARBAS NA TRITURAÇÃO

Devido à crescente exigência industrial de precisão da geometria das arestas, foi investigado o fenómeno da formação de rebarbas, especialmente na retificação. As rebarbas são arestas elevadas de material deixadas para trás após os processos de maquinagem. Existem três tipos diferentes de rebarbas: as de entrada, as laterais e as de saída. As rebarbas podem causar problemas nas operações se não forem corretamente removidas. Podem partir-se durante o processo de fabrico e ficar presas ou encravadas na própria máquina. A geometria da rebarba é determinada pela quantidade de deformação plástica e pela ductilidade do material. Depende também de diferentes variáveis, como as ferramentas de corte utilizadas e as condições de corte. Gillespie [19] afirmou que os materiais duros tendem a reduzir o tamanho das rebarbas porque o material tem maior probabilidade de fissurar perto da aresta de corte.

Durante a retificação de superfícies, a formação de rebarbas nas arestas da peça foi analisada por Sudermann et al. [20]. Foi também desenvolvido um modelo analítico qualitativo para detetar a formação de rebarbas, que se correlaciona bem com as investigações experimentais. As rebarbas foram observadas nos bordos da área de contacto temporário.

2.6 GRINDABILIDADE

A capacidade de retificação é um termo relativo que se refere à facilidade de retificação, ou seja, à eficácia e eficiência com que um metal pode ser rectificado. A capacidade de retificação de qualquer material de trabalho depende não só das propriedades químicas, mecânicas e metalúrgicas desse material, mas também das características da mó e das condições de retificação. A capacidade de retificação é avaliada por:

- Magnitude das forças de retificação normais e tangenciais e necessidade de energia específica.
- Aumento da temperatura de retificação que pode afetar os defeitos térmicos e a vida útil da mó.
- Integridade da superfície, que inclui o acabamento da superfície, as fissuras superficiais e subsuperficiais e também as tensões residuais.

- Rácio de moagem
- Tipo e forma das aparas formadas.

2.6.1 Forças de moagem: causas e efeitos

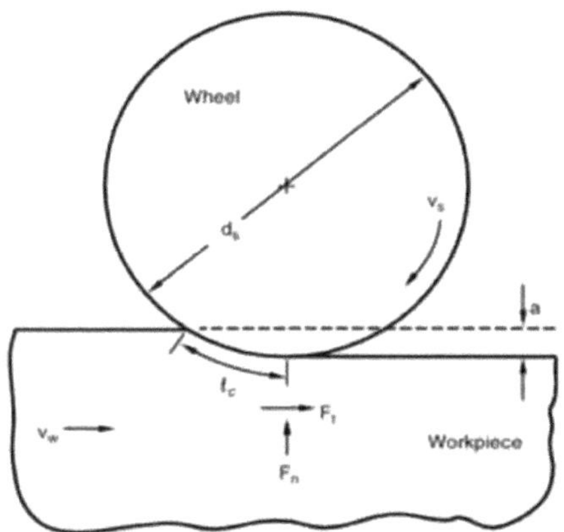

Fig. 7: Geração de forças de retificação (F_t e F_n)

A retificação de metais gera forças elevadas (quase 10 a 20 vezes superiores às da maquinagem convencional). A Fig. 7 representa os componentes das forças de retificação. Tanto as forças tangenciais como as normais podem ser separadas em componentes de corte e de deslizamento, como

$$F_t = F_{t,c} + F_{t,sl}$$
$$F_n = F_{n,c} + F_{n,sl}$$

em que, $F_{t,c}$ e $F_{n,c}$ são forças angenciais e normais para o corte, e $F_{t,sl}$ e $F_{n,sl}$ são as forças para o deslizamento.

A componente da força de deslizamento depende: (a) da área de contacto entre a roda e a peça de trabalho, (b) do coeficiente de atrito e (c) da pressão de contacto entre os discos de desgaste e a peça de trabalho (apenas para a componente vertical da força de deslizamento). Os dois últimos factores podem ser considerados constantes. Assim, as componentes da força de deslizamento estão linearmente relacionadas com a área de contacto entre a roda e a peça de trabalho. Quando a penetração da granalha é pequena, apenas ocorre o deslizamento da granalha ao longo da peça de trabalho.

O aumento das forças com o aumento da penetração da areia é bastante elevado nesta zona. Com o aumento da penetração do grão, ocorre a lavra, causando uma elevada geração de forças. O deslizamento provoca forças máximas na retificação [21].

As forças de retificação devem ser minimizadas tanto quanto possível, sem comprometer a produtividade ou a MRR (Taxa de Remoção de Material), uma vez que grandes forças de retificação conduzem indesejavelmente a:

- Elevado consumo de energia,
- Inconsistência dimensional por deflexão da roda,
- Elevada temperatura de retificação, que afecta o acabamento e a qualidade da superfície e
- Vibração

2.6.2 Qualidade da superfície

A qualidade da superfície e da subsuperfície maquinadas é um fator importante para decidir a capacidade de trituração e o desempenho da trituração. A má topografia da superfície pode levar ao desalinhamento e ao encaixe incorreto das peças, a uma elevada fricção e a um elevado desgaste. Além disso, os defeitos de superfície induzidos termicamente, tais como tensões residuais e microfissuras, podem reduzir a vida útil das peças da máquina em causa. As propriedades da superfície maquinada são geralmente caracterizadas por

• Rugosidade da superfície: A rugosidade da superfície (R_a) é uma componente da textura da superfície, medida pelos desvios da altura do perfil em relação à linha média, registados na avaliação. Quando os desvios são grandes, a superfície é rugosa; se forem pequenos, diz-se que a superfície é lisa. A rugosidade da superfície pode ser medida de forma quantitativa por diferentes instrumentos e técnicas.

• Acabamento da superfície: Basicamente, este termo qualitativo é um recíproco da rugosidade da superfície. A sua classificação qualitativa vai de muito rugoso a muito fino.

• Integridade da superfície: A integridade da superfície é a totalidade de todos os componentes que descrevem as condições da superfície e da sub-superfície de um produto maquinado. É composta por duas partes. Em primeiro lugar, a topografia da superfície descreve a rugosidade ou a textura da camada mais exterior da peça de trabalho. Em segundo lugar, a metalurgia de superfície descreve a natureza das camadas alteradas abaixo da superfície em relação ao material de base.

Os vários modos de medição da rugosidade da superfície são apresentados de seguida:

• Métodos microscópicos: A rugosidade da superfície é investigada experimentalmente por microscopia de alta resolução. Mas a rugosidade da superfície pode ser avaliada qualitativa e parcialmente de forma quantitativa utilizando um estereomicroscópio e um microscópio eletrónico de varrimento (SEM). Mas a medição quantitativa detalhada e precisa da rugosidade da superfície não é possível em nenhum microscópio.

• Profilometria: É um instrumento que é utilizado para medir um perfil de superfície para análise quantitativa da rugosidade da superfície. Existem principalmente dois tipos de profilómetros:

1. Perfilómetro de contacto: Neste método, uma ponta cónica de diamante de tamanho micro, colocada na extremidade de um estilete, é movida na direção vertical em contacto com a superfície de uma amostra e, em seguida, movida lateralmente através da amostra durante um comprimento especificado. O estilete traça as irregularidades da superfície e, correspondentemente, a ponta de diamante livre move-se para cima e para baixo. Um perfilómetro típico pode medir pequenas características verticais com alturas que variam entre 10 nanómetros e 1 milímetro. São amplamente utilizados devido à sua resolução e aceitação universal.

2. Perfilómetro sem contacto: Um perfilómetro ótico é um exemplo de um perfilómetro sem contacto. A agulha de contacto está equipada com um espelho que sofre uma micro-inclinação angular em linha e o feixe incidente é refletido, o que representa o perfil real da superfície. Outro princípio de funcionamento é a interferometria de baixa coerência, que utiliza a sobreposição de ondas.

- Método de réplica: No caso de uma situação complicada e inacessível, é utilizado um método rudimentar mas simples chamado método de réplica fundida. O perfil real da superfície é transferido para uma amostra de plástico. Uma camada amolecida de plástico é colada na superfície. Depois, é retirada após o endurecimento. A superfície replicada é agora medida por instrumentos adequados.

2.6.3Tipo de aparas formadas

A remoção de metal na retificação é bastante complexa e, como qualquer outro processo de maquinagem, produz aparas. Com a utilização do microscópio eletrónico, a semelhança entre as limalhas de retificação e as limalhas de corte de metal em grande escala tornou-se mais evidente. O tipo de limalha depende principalmente da combinação peça-roda e das condições de retificação. A retificação de materiais dúcteis produz maioritariamente aparas enroladas, semelhantes às produzidas no torneamento ou na fresagem. A forma das limalhas varia de acordo com a forma dos tipos de grãos abrasivos, embora sejam contínuas. Estas limalhas têm uma estrutura lamelar fina devido ao cisalhamento do material de trabalho causado pela intensa deformação plástica. As limalhas do tipo bloco são formadas com ângulos de inclinação altamente negativos. A fricção da ponta do grão abrasivo contra o material de trabalho ao longo da trajetória do grão produz este tipo de limalha. As limalhas esféricas são produzidas devido à oxidação e à queima de limalhas mais pequenas ao sair da zona de retificação. As limalhas fundem-se e solidificam-se quase instantaneamente [22].

Assim, a moabilidade é um termo qualitativo que depende dos factores anteriormente referidos. O momento e o fator de moabilidade a favorecer são determinados pelos requisitos de uma indústria específica. Os processos de produção com um objetivo de produção em massa darão maior ênfase à relação G para a remoção de material; os processos com restrições de custos terão de se concentrar mais nas forças de trituração e no consumo específico de energia, uma vez que estes factores conduzem, em última análise, a um controlo económico adequado. Os processos que privilegiam a qualidade do produto darão mais importância à integridade da superfície e assim por diante. É necessária uma combinação equilibrada de factores, tendo em conta os requisitos. Os capítulos seguintes apresentam uma perspetiva da liga de base Ni, Inconel 718, e uma revisão da literatura sobre vários aspectos da maquinagem e retificação.

Capítulo 3: INCONEL 718

3.1 INTRODUÇÃO

O Inconel é um grupo bem conhecido de ligas à base de níquel-crómio. Estas ligas apresentam uma elevada resistência à oxidação e à corrosão, o que lhes permite serem utilizadas em ambientes de pressão e calor extremos. Esta propriedade pode ser atribuída à formação de uma camada de óxido espessa e estável na superfície do Inconel quando aquecido, protegendo assim a liga de outros ataques. O Inconel tem uma excelente resistência a altas temperaturas numa vasta gama de temperaturas elevadas, o que o torna atrativo em vários sectores industriais. Esta propriedade é desenvolvida por reforço de solução sólida ou reforço de precipitação, dependendo da liga. A combinação destas propriedades melhoradas levou à criação do termo "superligas", aplicado ao Inconel.

No final da década de 1940, o primeiro grupo de ligas Inconel foi sintetizado pela divisão de investigação da Wiggin Alloys em Hereford, Inglaterra, atualmente adquirida pela SMC (Special Metals Corporation). As aplicações mundiais do Inconel são enormes. É comum no fabrico de lâminas de turbinas, combustores, vedantes de rotores de turbocompressores, fixadores, tubos de permutadores de calor, geradores de vapor, componentes de núcleo em reactores nucleares de água pressurizada. É também utilizada para fabricar sistemas de escape de carros de corrida populares, nomeadamente, NASCAR, Fórmula 1 e APR. Atualmente, esta liga é cada vez mais utilizada nas caldeiras dos incineradores de resíduos.

3.2 APLICAÇÕES NO SECTOR AEROESPACIAL

No sector aeroespacial, são enumeradas a seguir várias aplicações notáveis do Inconel:

• O revestimento exterior do avião-foguetão norte-americano X-15 foi construído em "Inconel X", uma liga especial de Inconel.

• A empresa SpaceX utiliza Inconel no coletor do motor do seu sofisticado motor de foguetão Merlin, que alimenta o veículo de lançamento Falcon 9.

• Na área da impressão 3D, as peças do motor SuperDraco da SpaceX, tais como componentes do motor de turbina, peças do sistema de combustível e do sistema de escape, componentes para a cápsula espacial de transporte de tripulação Dragon V2, são fabricadas pela Inconel através de um processo conhecido como sinterização direta de metal a laser.

• 50% do Inconel 718 produzido é utilizado principalmente no fabrico de motores de aviões e, nas suas lâminas, chapas e discos.

Entre as superligas comerciais, o Inconel 718 é a liga mais dominante e mais importante em termos de produção e utilização. Contribui para quase 45% dos produtos de ligas forjadas à base de níquel e até 25% da produção de ligas fundidas à base de níquel [23]. Utilizada numa vasta gama de temperaturas, de -423° a 1300°C, esta liga à base de níquel apresenta uma elevada resistência, uma elevada resistência à corrosão e a altas temperaturas. Pode ser facilmente fabricada em peças complexas, se necessário. Tem excelentes características de soldadura, especialmente a sua resistência à fissuração pós-soldadura. A relativa facilidade com que o Inconel 718 pode ser fabricado em componentes, juntamente com a boa resistência à tração, à fadiga, à rutura e à fluência, fez com que a liga fosse utilizada num grande número de indústrias, em todo o mundo.

3.3 COMPOSIÇÃO QUÍMICA

O Inconel 718 possui a seguinte composição química, como indicado no Quadro 1.

Quadro 1: Composição química limite (em conformidade com as normas ASME)

Nickel (plus Cobalt)	50.00-55.00
Chromium	17.00-21.00
Iron	Balance*
Niobium (plus Tantalum)	4.75-5.50
Molybdenum	2.80-3.30
Titanium	0.65-1.15
Aluminum	0.20-0.80
Cobalt	1.00 max.
Carbon	0.08 max.
Manganese	0.35 max.
Silicon	0.35 max.
Phosphorus	0.015 max.
Sulfur	0.015 max.
Boron	0.006 max.
Copper	0.30 max.

No entanto, as ligas à base de níquel sofrem de muitas dificuldades, que são indicadas a seguir:

1. A altas temperaturas de maquinagem, o Inconel 718 tem uma elevada tendência para soldar com o material da ferramenta, deteriorando assim as superfícies maquinadas e, consequentemente, a integridade da superfície dos componentes maquinados.

2. A elevada resistência leva à geração de elevadas forças de corte e a uma enorme quantidade de calor na ponta da ferramenta (em comparação com a maquinagem do aço), o que limita a sua capacidade de velocidade

3. Produção de arestas dentadas de abrasivos devido à localização de cisalhamento nas aparas geradas, o que torna o manuseamento das aparas bastante difícil.

4. A tendência para formar uma aresta postiça (BUE) durante a maquinagem e a presença de carbonetos abrasivos duros nas ligas também diminui a maquinabilidade.

5. A matriz austenítica, presente na microestrutura, endurece rapidamente durante a maquinagem.

6. Formação rápida de rebarbas nas arestas da peça de trabalho.

7. O Inconel 718 tem baixa difusividade térmica, levando à localização da temperatura (mais de 1000°C) nas pontas das ferramentas.

3.4 TRATAMENTO TÉRMICO

As especificações industriais recomendam dois tipos de tratamento térmico que podem ser efectuados em barras, peças forjadas e anéis soldados por flash de ligas à base de níquel [24]. São eles:

- tratamento térmico de solução
- tratamento térmico de precipitação

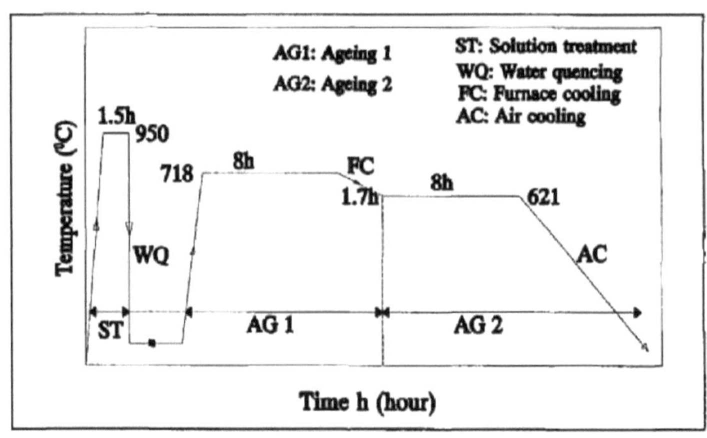

Fig. 8: Ciclo de tratamento térmico da peça de trabalho [24]

A Fig. 8 mostra o ciclo de tratamento térmico da peça de trabalho, mostrando todas as gamas de temperatura. No tratamento térmico em solução, o material é rapidamente aquecido a uma temperatura entre 927°C e 110°C, sendo depois mantido a essa temperatura com uma amplitude de ± 14°C durante um período de tempo proporcional à área da secção transversal da amostra, seguido de arrefecimento a uma taxa equivalente ou superior à do arrefecimento a ar. Isto conduz a um aumento da dureza de HRC 12-15. No método de tratamento térmico por precipitação, a amostra é aquecida a uma temperatura dentro da gama de 718°C-760°C, mantida à temperatura selecionada dentro de ± 8°C durante aproximadamente 8 horas, depois arrefecida a uma taxa de 55°C por hora para 621°C-649°C, dentro da gama de temperaturas de ± 8°C durante aproximadamente 8 horas e, finalmente, é arrefecida ao ar. Este processo conduz normalmente a um aumento da dureza de HRC 41-43.

Capítulo 4: PESQUISA DE LITERATURA

4.1 INTRODUÇÃO

I as últimas três décadas, a investigação em áreas relacionadas com a retificação tem aumentado exponencialmente, devido às aplicações cada vez maiores na indústria transformadora. O mundo industrial está a inclinar-se gradualmente para operações simultâneas de acabamento e semi-acabamento. Além disso, o processo de retificação, sendo mais complexo do que a maquinagem, exige mais atenção para o compreender melhor, o que levou a que vários cientistas realizassem investigação para otimizar o processo. No entanto, os estudos sobre a retificação do Inconel 718 são limitados devido às razões já referidas. A primeira parte desta secção trata da revisão de diferentes aspectos da retificação, como o ensaio de rebolos, o calor gerado, o arrefecimento e a lubrificação, as forças de retificação, etc. A segunda parte apresenta uma panorâmica básica da liga Inconel 718 e do seu processo de maquinagem e retificação.

4.2 RODA DE MOAGEM

Desde os anos 30, os aluminetos de ferro são investigados devido à sua excelente resistência à corrosão, baixa densidade e elevada resistência específica, e uma elevada resistência ao desgaste, mesmo a altas temperaturas [29]. A maquinação de Fe-26Al-4Cr com mós de corindo mostra que o material pode ser maquinado de forma dúctil, independentemente do tamanho do grão do material. As taxas de remoção de material inferiores a 0,75 mm^3 /s e as topografias abertas das mós conduziram a baixas temperaturas de retificação e a uma remoção de aparas vantajosa. Em meados da década de 1950, os abrasivos de óxido de alumínio e carboneto de silício dominavam a maioria das aplicações, embora o diamante natural já fosse utilizado há muito tempo para retificar materiais não ferrosos muito duros, nomeadamente vidro e cerâmica. No entanto, no final dos anos 50, o diamante sintético foi disponibilizado comercialmente juntamente com um novo material super duro - o nitreto de boro cúbico (cBN). O diamante é bem conhecido pela sua excelente dureza, condutividade térmica e baixo coeficiente de atrito. O diamante sintético é produzido submetendo a grafite a altas temperaturas e a uma pressão extremamente elevada na presença de um catalisador como o níquel. É amplamente utilizado na trituração de uma vasta gama de materiais, incluindo carbonetos cimentados e não-metais, como pedra, betão, plasma cerâmico e vidro. As mós de nitreto de boro cúbico (cBN) são bastante caras em comparação com outras mós e são amplamente utilizadas na indústria aeroespacial, uma vez que permitem a retificação eficaz de ligas metálicas aeroespaciais de elevado desempenho, como as superligas à base de níquel [30].

A segurança do rebolo é da maior importância para os operadores, porque os rebolos rodam a uma velocidade muito elevada. Se o rebolo não estiver corretamente equilibrado, pode desprender-se e causar ferimentos no operador, que podem ser fatais, por vezes. Existe o risco de falha da ferramenta se o rebolo não for corretamente concebido e testado. A fim de garantir a segurança geral, as velocidades do rebolo devem ser mantidas dentro de limites seguros. As velocidades máximas de funcionamento estão marcadas na face do rebolo. Para uma retificação mais eficiente, estão a ser desenvolvidos rebolos mais fortes com velocidades de rebentamento mais elevadas. No caso de peças de trabalho constituídas por material duro, é necessário utilizar um disco de retificação "macio" e um disco de retificação "duro" para metais mais macios [25]. Foram formulados vários procedimentos de ensaio para avaliar o desempenho do rebolo, verificar a qualidade da produção do rebolo e garantir a segurança adequada do rebolo. Um desses ensaios envolve a utilização de uma ferramenta de ponta triangular para riscar uma ranhura no rebolo, com uma profundidade de penetração igual à dimensão do grão [26]. São medidas as forças associadas ao deslocamento de um único grão e o grau da roda é indicado pela média das forças. Foi desenvolvido um novo método para avaliar a dureza das mós, que consiste em esmagar pequenas quantidades de abrasivo da superfície de uma mó em contacto rolante com uma mó de aço duro [27]. Verificou-se que estes dois ensaios permitem distinguir bastante bem entre mós de diferentes durezas. Outro método de classificação do grau do rebolo é a medição do módulo de elasticidade através de ensaios sónicos dos rebolos, que se tornou uma ferramenta popular para o controlo da qualidade [28]. Este método funciona bem tanto com rebolos vitrificados como com rebolos de liga resinoide.

4.3 EFEITOS TÉRMICOS

Nos processos de retificação, os danos térmicos nos componentes rectificados limitam frequentemente a taxa de remoção de material. Por vezes, 20% da energia gerada para remover o material em bruto é transferida pela peça de trabalho, sendo a maior parte absorvida, conduzindo a danos superficiais e sub-superficiais. Para evitar este efeito nocivo, a quantidade de calor que entra na peça de trabalho deve ser minimizada, se não completamente reduzida. Malkin et al. [31], no seu artigo, investigaram os aspectos térmicos, assumindo a zona de retificação como uma fonte de calor que se move ao longo da superfície da peça. Na zona de interação entre a mó e a peça, quase toda a energia de retificação gerada é convertida em calor na zona de retificação. Este facto leva à definição de "partição de energia" da peça de trabalho. Este é um parâmetro bastante crítico necessário para calcular a resposta de temperatura, que significa a proporção da energia total de retificação transportada para a peça de trabalho como calor, na zona de retificação. Este parâmetro depende do tipo de retificação, dos materiais da mó e da peça, e das condições de retificação utilizadas. No caso de mós de cBN electrodepositadas e vitrificadas, a partição de energia é menor (tipicamente cerca de 20%), devido ao arrefecimento da zona de retificação pelos fluidos utilizados. Neste estudo, foram desenvolvidos modelos térmicos que têm em conta todos estes factores, embora possa ser necessário um maior refinamento e experimentação para uma maior precisão. Estes modelos podem prever as temperaturas de retificação com bastante precisão, mas o mecanismo de como as temperaturas de retificação podem afetar a integridade da superfície da peça de trabalho não é totalmente compreendido. Esta é uma limitação, que pode ser eliminada com mais investigação.

A queima da peça de trabalho é um dano térmico comummente observado. Este mecanismo de defeito tem sido investigado principalmente no caso da retificação de aços-liga e aços-carbono simples, embora seja observado noutros materiais metálicos, como o titânio e o Inconel. No aço, a queima da peça de trabalho é frequentemente indicada por linhas de cor azulada na peça de trabalho, como resultado da formação de uma camada de óxido. [32]. A retificação provoca tensões residuais na vizinhança da superfície acabada, o que pode afetar significativamente o comportamento mecânico do material. Outro efeito nocivo do dano térmico é a geração de tensões residuais, que são maioritariamente induzidas por deformação plástica não uniforme da ou perto da superfície da peça de trabalho. A retificação resulta predominantemente na formação de tensões residuais de compressão que ocorrem por fluxo plástico localizado e interacções mecânicas dos grãos abrasivos com o material da peça. Trata-se, mais uma vez, de um efeito direto da geração de temperaturas elevadas e da sua inclinação da superfície para o interior. O efeito das tensões residuais é mais significativo no caso de materiais frágeis de maior resistência. Nos aços de alta resistência e nas ligas para aeronaves, as condições de retificação severa podem causar tensões residuais de tração elevadas, resultando numa redução da resistência à fadiga que, em última análise, conduz à fissuração.

Kato et al. [33] tentaram medir a temperatura do aço carbono simples e do aço inoxidável 18-8, em condições convencionais de retificação de superfícies, utilizando a técnica de película PVD. A técnica utilizada neste estudo foi eficaz na estimativa da temperatura na peça de trabalho. A temperatura na peça de trabalho diminui exponencialmente em função da profundidade nas áreas próximas da superfície, dependendo da propriedade térmica do material da peça de trabalho. A fronteira isotérmica também pode ser claramente identificada na retificação húmida. Esta técnica pode ser aplicada a qualquer material de trabalho sem fazer furos cegos na peça de trabalho para incorporar sensores.

Outro estudo efectuado por Ueda et al. [34] envolveu a determinação experimental das temperaturas nos grãos abrasivos de uma mó, com a ajuda de um pirómetro de radiação infravermelha. A peça utilizada foi o aço AISI 1055 com diferentes valores de dureza de 200 e 570 VHN. Foram também utilizadas três mós diferentes (Al_2O_3 , cBN e diamante). Os resultados mostraram que a temperatura média existente na peça de trabalho é mais elevada quando se utiliza a mó Al_2O_3 , seguida da cBN e, por fim, da mó de diamante. Esta tendência pode ser atribuída ao aumento gradual das condutividades térmicas, à medida que se passa do Al_2O_3 para o cBN e, finalmente, para o diamante. Foi também referido que a profundidade de corte da mó ou a velocidade da peça tiveram um efeito negligenciável na temperatura média dos grãos de corte, mas esta diminui com o aumento da velocidade da mó. Verificou-se que a temperatura máxima dos grãos abrasivos no ponto de corte é próxima da temperatura de fusão dos materiais de trabalho utilizados.

Nee et al. [35] utilizaram uma técnica de termopar ensanduichado para medir a temperatura de retificação. Este termopar é constituído por um fio isolado colocado entre duas secções da peça de trabalho. Foi concebida uma fonte de calor constante para simular a ação da mó, permitindo assim estabelecer as características de inércia térmica do termopar. Isto foi feito para ter em conta o efeito de inércia térmica da junção do termopar. Foi utilizada uma análise de regressão múltipla para mostrar que a temperatura da retificação de superfície é função do avanço, da velocidade da mó e do avanço da mesa, conforme descrito na seguinte equação:

$$T= 75.8\ V_w^{0.368}\ V_s^{0.251}\ f^{\,0.243}$$

Onde, T= temperatura de retificação da superfície em "C, V_w = velocidade da mesa em m/min, V_s = velocidade da superfície da mó em mm/s e f = avanço em mm/passagem.

É evidente que o parâmetro da velocidade da mesa tem um efeito máximo na temperatura de moagem, seguido da velocidade da mesa e, por último, da alimentação. Esta equação está de acordo com os resultados de trabalhos de investigação anteriores.

4.4 PAPEL DOS FLUIDOS DE CORTE

O principal papel dos fluidos de corte/trituração, introduzidos na zona de trituração, é limitar a produção de calor. Após uma penetração e aplicação bem sucedidas, a propriedade lubrificante dos fluidos é responsável por reduzir a quantidade de força de fricção desenvolvida entre a peça e a mó na zona de retificação. Parte do calor gerado também pode ser absorvido pelos fluidos, embora isso dependa da condutividade e da difusividade. Assim, quanto mais frio for o fluido, mais eficaz será a transferência de calor. Por último, o fluido elimina as aparas da zona de retificação, caso contrário, estas podem entupir o disco e, eventualmente, o disco pode ficar embotado, de modo a que ocorra a lavra e a fricção, o que conduz a um elevado aumento das forças e da energia específica. Os diferentes métodos de aplicação dos fluidos de corte são:

- Arrefecimento por inundação: A zona de retificação é inundada com uma quantidade suficiente de fluido de corte fornecida por um bocal de diâmetro adequado. Uma camada de ar rígido gerada à volta da mó devido à sua velocidade de rotação muito elevada (3000 rpm) impede que o fluido chegue ao interior da zona de retificação, tornando esta técnica ineficaz. Esta camada de ar rígido restringe o acesso do fluido ao interior da zona de retificação. Foram desenvolvidas várias técnicas alternativas para evitar este problema. Mandal et al. [36] tentaram obter uma melhor penetração do fluido de retificação reduzindo/quebrando a camada de ar rígida usando uma roda colada de rexina e uma placa raspadora instalada logo à frente do bocal do fluido [37] que produziu uma melhor ação de retificação.

• Arrefecimento por névoa: As partículas finamente divididas do fluido de moagem são misturadas com ar comprimido a alta pressão para formar uma névoa. Esta mistura é depois injectada na zona de contacto do rebolo com a peça através de um bocal. Uma expansão súbita do volume da névoa provoca a absorção de calor e a consequente redução da temperatura. Uma pequena quantidade de água misturada em jactos de ar que atingem a face do rebolo a velocidades iguais à velocidade do som (Mach 1), pode manter a nitidez do rebolo durante mais tempo, e um arrefecimento mais eficaz do que o dos refrigerantes convencionais com sistemas de distribuição. Quando se utilizam bicos correctos, o arrefecimento por névoa oferece uma forma relativamente simples e barata de economizar os sistemas de distribuição de fluidos [38]. No entanto, o método de arrefecimento por névoa pode causar graves problemas de saúde devido à inalação da névoa pelo operador.

• Arrefecimento Z-Z: O fluido de corte flui através do espaço entre as ranhuras da roda, onde o fluido é introduzido por um bocal. Em seguida, é transportado para a zona de contacto do disco com a peça através dos furos, devido à força centrífuga gerada pela rotação do disco.

Vários investigadores tentaram otimizar a utilização de fluidos de corte. Os fluidos de refrigeração à base de água podem, teoricamente, reduzir a temperatura máxima de retificação em 20 a 40% [15]. Sluhan et al. [39] realizaram experiências para determinar a utilidade de fluidos de retificação miscíveis em água. Receberam relatórios de um aumento da vida útil da ferramenta de 15% ou mais com a utilização de fluidos miscíveis em água. Compararam fluidos miscíveis em água com óleos em processos de retificação e concluíram que ambos aumentavam a vida útil da ferramenta e do rebolo, mas o óleo tinha uma maior eficiência, que aumentava com uma concentração mais elevada.

Mahata et al. [40] tentaram estabelecer um estudo comparativo entre a moagem a seco e a húmido, analisando vários parâmetros de resposta para avaliar a moabilidade. Foram utilizadas três concentrações diferentes de refrigerante. Foram efectuadas as seguintes observações:

• A retificação a seco apresentou valores mais elevados das componentes tangencial e normal das forças de retificação, em comparação com a retificação em condições húmidas. Foi observada uma anomalia na utilização de um bocal múltiplo com baixas concentrações de óleo de corte.

• A trituração húmida resultou numa formação favorável de aparas em diferentes alimentações e sob concentrações variáveis de óleo.

- No caso da utilização de uma concentração elevada de refrigerante (1:20), foram registados valores baixos dos parâmetros de rugosidade da superfície, R_a , R_t e R_z , em comparação com os da retificação a seco.

Devido à velocidade de rotação da mó, é gerada uma camada rígida de ar à volta da periferia da mó, o que dificulta o fornecimento de fluido. Mandal et al. [41] tentaram encontrar um modelo matemático para prever a pressão gerada na camada de ar. Após as investigações, foi encontrado um gráfico dos valores experimentais da pressão do ar correspondente a diferentes velocidades da roda, que é apresentado na Fig.9. É gerada uma pressão elevada a velocidades mais elevadas da roda. Além disso, a pressão do ar é extremamente elevada em locais adjacentes à roda. Isto deve-se ao facto de o ar ser um fluido newtoniano e de uma resistência viscosa na face rotativa da mó gerar um fluxo giratório em direção à mó, que está cheia de porosidades [42]. O ar é ejectado tangencialmente a partir da superfície da periferia da mó, devido à elevada força centrífuga.

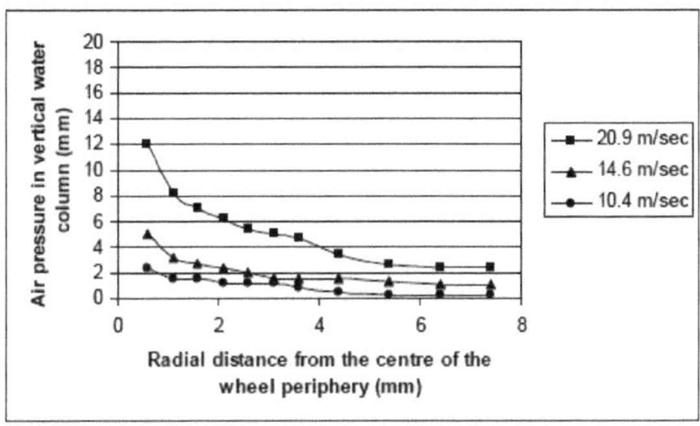

Fig. 9: Variação da pressão do ar em função das distâncias radiais da roda [41]

Concluiu-se que a pressão mais próxima da mó é mais elevada, pelo que o fluido é impedido de chegar à zona de retificação. É por isso que a supressão desta camada é essencial para uma distribuição eficaz do fluido. Para otimizar as velocidades do fluxo do líquido de refrigeração em diferentes posições do bocal, é formulado um modelo matemático neste estudo, que pode medir com precisão as pressões do ar a diferentes velocidades da mó.

Mahata et al. [43] efectuaram um estudo comparativo entre três técnicas de fornecimento de líquido de refrigeração para avaliar o desempenho da retificação. Para este estudo, foram utilizados sistemas de arrefecimento por inundação, arrefecimento por névoa e arrefecimento por bicos múltiplos. De acordo com Engineer et al. [44], o sistema de arrefecimento por inundação utilizando um bocal convencional, que é capaz de fornecer uma grande quantidade de fluido de corte a baixa velocidade, é menos eficaz, uma vez que é inadequado para penetrar na camada de ar rígido que rodeia a mó rotativa. Os dados experimentais revelaram que os requisitos de força de retificação e o acabamento da superfície da peça obtida são melhores com o arrefecimento por bicos múltiplos em comparação com o arrefecimento por inundação e o arrefecimento por névoa. Além disso, requer menos quantidade de fluido. Assim, o sistema de distribuição de fluido com bicos múltiplos é o método mais económico a adotar para melhorar o desempenho da retificação.

Singh et al. [45] afirmaram que a capacidade de trituração de materiais cerâmicos compósitos pode ser melhorada através do arrefecimento criogénico. Estes materiais são amplamente utilizados em aplicações de engenharia. Mas são muito frágeis e difíceis de maquinar. Verificou-se que os danos na subsuperfície, a rugosidade da superfície, a energia específica de retificação e as forças de retificação diminuíram em comparação com a retificação a seco. Isto conduzirá a um ritmo mais rápido de produção industrial, no que diz respeito à qualidade da superfície, quando são utilizados refrigerantes criogénicos. Os refrigerantes criogénicos têm sido utilizados em aços com grandes melhorias na qualidade da superfície e nas forças de retificação [46]. Foi referido que se formam limalhas lamelares finas no caso de arrefecimento criogénico, o que resulta numa menor energia específica. Também foi observada uma redução das fissuras superficiais e das forças de retificação.

Os nanofluidos representam um avanço moderno no domínio do desenvolvimento de fluidos. Estas suspensões coloidais em nanoescala demonstraram um enorme potencial em muitos sectores industriais. Num estudo, foram utilizados nanofluidos de diamante e Al_2O_3 à base de água em condições de lubrificação mínima (MQL) na retificação de ferro fundido [47]. Verificou-se que se formou uma camada de lama densa e dura na superfície da mó quando foi utilizado o nanofluido MQL. Isto é particularmente benéfico para a eficiência da retificação. Além disso, observou-se uma redução das forças de retificação e da rugosidade da superfície, com uma queima insignificante da peça.

4.5 FORÇAS DE RECTIFICAÇÃO

As forças geradas na retificação são muito importantes para avaliar a capacidade de retificação de uma determinada combinação de rebolo e peça, uma vez que o desgaste do rebolo, a precisão geométrica e a qualidade da superfície da peça, bem como o desempenho dinâmico do componente rectificado, são grandemente influenciados pelas forças de retificação. Naturalmente, este facto motivou um trabalho considerável por parte de vários cientistas de todo o mundo. Hecker et al. [48] propuseram uma modelação preditiva da força de retificação e dos requisitos de potência com base na distribuição probabilística da espessura da apara não deformada, que se assumiu ser uma função das condições cinemáticas, da microestrutura da mó, das propriedades do material e dos efeitos dinâmicos. Neste caso, a espessura da apara foi a principal variável aleatória e a microestrutura da mó utilizada foi determinada pela geometria do grão e pela densidade estática do grão em termos de profundidade radial na mó. Consideraram também a deformação elástica do comprimento do contacto de retificação. Com a ajuda deste modelo, foi possível prever as forças tangenciais e normais totais na retificação de superfícies, bem como a potência total de retificação na retificação cilíndrica. Neste estudo, os dados experimentais relativos à espessura da apara, à força tangencial, à força normal e à potência foram apresentados e comparados com os cálculos do modelo.

Malkin et al. [49] propuseram que as forças de retificação são compostas pela força de deformação do corte e pela força de deslizamento, sem qualquer equação ou fórmula para calcular a força de retificação tangencial ou normal. Na retificação de superfícies, um novo modelo matemático das forças de retificação foi desenvolvido por Tanga et al. [50]. Este modelo teve em conta os efeitos dos parâmetros de processamento da retificação nas propriedades mecânicas dinâmicas do corte do metal e o coeficiente de atrito entre a mó e a peça. Verificou-se que existia uma boa correlação entre os resultados da simulação e do cálculo e os dados das medições experimentais, o que comprova a eficácia do modelo de força de retificação proposto. Além disso, este modelo evita um grande número de experiências, poupando assim custos, em comparação com os modelos tradicionais.

Apesar de existirem muitos modelos de simulação bem conhecidos para prever com exatidão as forças de retificação e a energia específica, Mishra et al. [51] apresentaram no seu artigo uma série de modelos simples, exactos e facilmente utilizáveis, dos quais o modelo de Werner se revelou bastante útil para processos avançados de retificação não convencionais, nomeadamente a retificação com alimentação por fluência, HEDG (retificação profunda de alta eficiência), etc. Os resultados indicam que, em condições de fronteira específicas, o modelo de Werner pode estimar as forças de retificação com bastante exatidão. Estes modelos podem ser utilizados extensivamente em células de retificação avançadas para a conceção de máquinas-ferramentas, dispositivos de retificação e para a seleção de parâmetros de processo, uma vez que permitem obter bons resultados com esforços reduzidos.

Azizi et al. [52] afirmaram que o processo de retificação pode ser considerado como um processo de remoção de material por um grande número de partículas abrasivas com uma distribuição estatística específica. Os autores desenvolveram e analisaram um novo modelo de forças, modelando os grãos abrasivos e a sua interação individual com a peça. As equações e a fórmula para as forças normais e tangenciais totais foram estabelecidas analiticamente. O modelo também teve em conta a microestrutura da mó, especialmente a estrutura e a densidade do grão. Descobriu-se que as forças de retificação diminuem inversamente com o número de pontos de corte na mó e com a sua inclinação. Além disso, a inclinação dos pontos de corte teve uma maior influência nas forças de retificação, em comparação com o número de pontos de corte activos.

Assim, verifica-se que o processo de moagem está associado a uma série de dificuldades. Foram efectuadas várias investigações para reduzir ou eliminar estes problemas. Para um controlo eficaz da temperatura de retificação e para minimizar o calor gerado, foram desenvolvidos vários tipos de métodos de arrefecimento. Está estabelecido que o sistema de arrefecimento com vários bicos é o mais eficaz em termos de requisitos de força de retificação e de acabamento da superfície. O arrefecimento criogénico, embora dispendioso, é um método muito eficaz e amigo do ambiente para reduzir as elevadas temperaturas de retificação e os seus efeitos subsequentes. Foi sintetizada uma nova classe de fluidos de corte denominados nanofluidos, que melhoraram significativamente o desempenho da retificação. As forças de retificação desempenham um papel importante na avaliação da capacidade de retificação de um material, pelo que muitos modelos analíticos para prever as forças de retificação foram desenvolvidos por muitos investigadores. A fim de retificar materiais difíceis de maquinar, foram desenvolvidas novas mós superabrasivas, como as mós de cBN e diamante. A investigação avançada para otimizar ainda mais o processo de retificação irá ocorrer continuamente, resultando em melhorias. A parte anterior trata de uma revisão do Inconel 718 e das suas características de maquinação e retificação.

4.6 MAQUINAGEM E RECTIFICAÇÃO DE INCONEL 718

A retificação de ligas de níquel é efectuada através de práticas semelhantes às do aço. Todas as ligas devem estar em condições de tensão igualada antes da retificação para evitar empenos. O Inconel 718 é uma liga do grupo D2, o que sugere que deve ser maquinado em desbaste na condição de recozido em solução e depois maquinado com acabamento após o envelhecimento. [53]. Costes tentou utilizar uma mó de cBN para retificar Inconel 718 e estudar os efeitos dos parâmetros da mó, tais como a composição, o tamanho do grão e o tipo de ligante, na vida da ferramenta e nos mecanismos de desgaste da ferramenta [54]. Verificou-se que a difusão era o principal mecanismo de desgaste da ferramenta e que se conseguia um maior tempo de vida da ferramenta com a ajuda do teor de cBN (45-60%), da pequena dimensão do grão e do tipo de ligante cerâmico. A análise química das pastilhas testadas e as subsequentes fotografias SEM mostraram que o desgaste da ferramenta se devia à difusão e à adesão, em resultado da afinidade química entre a peça e os elementos da pastilha.

Pei-Lum Tso [55] investigou a capacidade de retificação do Inconel 718 utilizando mós de carboneto verde (GC), de alumina (WA) e de nitreto de boro cúbico (cBN). Os resultados sugerem que a mó de cBN produziu um melhor acabamento superficial em comparação com as outras. Além disso, a rugosidade superficial obtida aumentou com a diminuição da velocidade da mó e com o aumento da velocidade de avanço e da velocidade da mesa. A precisão dimensional da peça de trabalho foi melhor devido à elevada rigidez e, consequentemente, à baixa deflexão da roda cBN. A mó GC não era adequada quando se utilizava fluido de retificação devido ao grande aumento das forças de retificação, enquanto se observava um elevado desgaste da mó WA. Uma quantidade adequada de revestimento, de preferência com bastão AEOs, poderia reduzir as forças de retificação no caso da mó cBN. A retificação a seco foi adequada para a mó GC, enquanto a mó cBN tem a vida mais longa em condições de retificação adequadas. A mó de cBN é preferível para a retificação de Inconel 718 se o custo não for um fator importante.

As mós de elevada porosidade são necessárias para retificar materiais tão difíceis de maquinar, mas colocam um problema ao diminuir a resistência mecânica. Para ultrapassar este problema, foram utilizadas partículas de alumina (Al_2O_3) como agente formador de poros para criar poros abertos na superfície do disco e poros fechados no interior do disco, como parte de um estudo efectuado por Zhenzhen et al. [56]. Foram efectuadas experiências em Inconel 718 utilizando esta roda de cBN poroso e uma roda vitrificada. Verificou-se que a mó de CBN porosa ligada ao compósito resulta em forças de retificação reduzidas, requisitos específicos de energia de retificação e baixas temperaturas de retificação, em comparação com a mó vitrificada.

Para além da seleção adequada de uma mó e da profundidade de corte, os parâmetros de afinação, tais como a profundidade de afinação e o avanço de afinação, são igualmente importantes. Sinha et al. [57] realizaram várias experiências com Inconel 718 para identificar os parâmetros óptimos de retificação para cada restrição, como acabamento superficial suave ou forças de retificação mais baixas ou condições moderadas para ambos. Foi utilizada uma mó de alumina. As forças de retificação específicas (normais e tangenciais) dependem fortemente da profundidade de retificação. Existe uma gama óptima de profundidade de retificação para forças de retificação mínimas. No caso do Inconel 718, para obter forças de retificação específicas mínimas, o intervalo ótimo de profundidade de retificação é de 30 a 40 pm. As forças de retificação específicas variam inversamente com o avanço da retificação. Neste caso, as forças de retificação mínimas foram observadas com o avanço máximo de retificação, ou seja, 450 mm/min. Além disso, a rugosidade da superfície depende principalmente do avanço de retificação. Quanto mais pequeno for o avanço de afinação, menor será a rugosidade da superfície.

Pavan et al. [58] investigaram a capacidade de retificação do Inconel 718 com mós de retificação com resina impregnada de nano grafeno. As nano-plaquetas de grafite esfoliada (xGnP) são tipos modernos de nanopartículas feitas de grafite. As nanopartículas consistem em pequenas pilhas de grafeno com uma espessura de 1 a 15 nanómetros, com diâmetros que variam entre menos de um micrómetro e 100 micrómetros. Verificou-se que estas mós impregnadas de grafeno diminuem a rugosidade média da superfície em 16-54%, a temperatura em 3-14% e a energia específica de retificação em 16-32%.

A utilização contínua de fluidos de corte/trituração nos processos de maquinagem e trituração tem colocado vários problemas, como os elevados custos de aquisição e eliminação, o aumento da poluição e os riscos profissionais e para a saúde. Este facto levou a uma investigação contínua a nível mundial para procurar alternativas para reduzir a sua utilização. O gás de arrefecimento é uma dessas alternativas. Su et al. [59] investigaram o efeito do ar de arrefecimento como refrigerante no acabamento superficial, nos modos de formação de aparas e no desgaste da ferramenta, no torneamento de acabamento da liga Inconel 718. Este estudo experimental utilizou diferentes estratégias de arrefecimento/lubrificação, ou seja, corte a seco, lubrificação de quantidade mínima (MQL), ar de arrefecimento e ar de arrefecimento combinado com lubrificação de quantidade mínima (CAMQL). Foi relatado que a utilização de ar de arrefecimento isolado e CAMQL levou a uma redução da rugosidade da superfície e a um baixo desgaste da ferramenta. As formas das aparas também melhoraram bastante. Assim, foi demonstrado que a utilização de ar de arrefecimento no corte/maquinação não só é amiga do ambiente, como também proporciona melhorias significativas na maquinabilidade de materiais difíceis de cortar, como o Inconel.

Pusavec et al investigaram o alcance do arrefecimento criogénico na melhoria do desempenho da maquinagem [60]. A liga utilizada foi o Inconel 718, que foi laminado a quente, tratado com solução e depois envelhecido com um tempo total de envelhecimento de 16 h 17min. As condições de corte foram: maquinação a seco (seca), maquinação com quantidade mínima de lubrificação (caudal de 120 ml/h com Coolube 2210EP), maquinação criogénica, e a combinação - criogénica com maquinação MQL. Os resultados indicam que a superfície da peça atinge uma dureza mais elevada no caso de maquinagem criogénica do que em condições secas ou utilizando MQL. A maquinagem criogénica conduziu a ligeiras alterações na microestrutura do produto final, reduzindo o tamanho do grão, e induziu uma menor deformação plástica na superfície maquinada. Além disso, a rugosidade da superfície foi reduzida.

Outra experiência foi conduzida por Fernandez et al. [61] para fazer um estudo comparativo da maquinação (torneamento) do Inconel 718 utilizando quatro métodos de arrefecimento diferentes, nomeadamente seco, emulsão de inundação, criogénico (com azoto líquido) e ar frio. Os resultados mostraram que os processos de maquinagem assistida por criogénico, ar frio e emulsão resultaram numa menor rugosidade da superfície da amostra maquinada à medida que o desgaste da ferramenta aumentava. Além disso, foi registado um menor desgaste da ferramenta nos resultados da maquinação criogénica, do que o obtido com a utilização de fluidos à base de emulsão, ar frio e maquinação a seco. A vida útil da ferramenta aumentou 34,6%, 55,9% e 75,4%, respetivamente, em comparação com estas condições. Por conseguinte, este é um processo mais eficiente e amigo do ambiente. A maquinação assistida por ar frio, apesar de ser uma solução económica, não é capaz de igualar o desempenho dos métodos convencionais, pelo que não é uma alternativa válida aos fluidos de corte tradicionais.

O efeito dos ciclos de tratamento térmico com variações definidas dentro das tolerâncias de especificação actuais na dureza da liga Inconel 718 forjada foi avaliado por Schirra [62]. Foi utilizada a abordagem baseada em Taguchi para o projeto experimental. Um conjunto de ciclos de tratamento térmico foi executado com diferentes taxas de arrefecimento que influenciaram a dureza (HRC), a resistência à tração e o limite de elasticidade do material. Taxas de arrefecimento mais lentas resultaram numa redução do limite de elasticidade, da resistência final equivalente e da ductilidade, bem como em valores de dureza reduzidos. As microestruturas do Inconel obtidas por imagens SEM são apresentadas abaixo na Fig. 10.

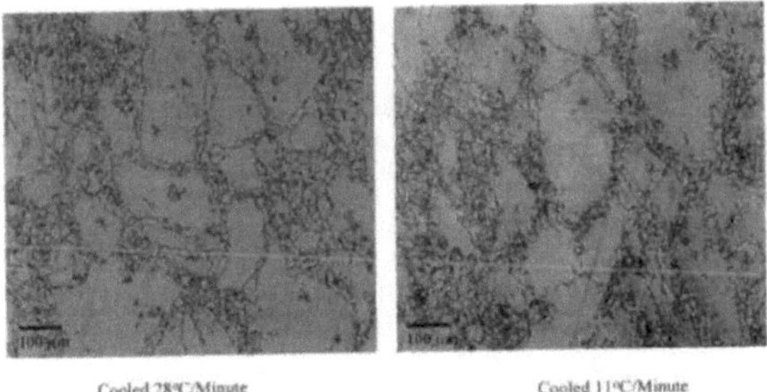

Fig. 10: Microestruturas típicas observadas no Inconel forjado [62]

Tso [63] resumiu os tipos de aparas obtidas por retificação de Inconel 718 com diferentes tipos de mós. Descobriu que se obtinham principalmente seis tipos de limalha: de cisalhamento, de fluxo, de rasgamento, de corte, de faca e de fusão. A utilização de uma mó de carboneto resultou na formação de aparas do tipo cisalhamento e rasgamento, enquanto que a utilização de uma mó de alumina mostrou aparas do tipo cisalhamento quando se utilizou um refrigerante e aparas do tipo faca e fatia sem utilizar um refrigerante. A utilização de um rebolo superabrasivo, como o cBN, resultou na formação de aparas do tipo cisalhamento, fluxo e faca.

O desempenho de ferramentas de corte cerâmicas de tamanho nanométrico foi avaliado na maquinação de Inconel 718 [64]. Estes materiais de ferramentas avançados apresentam propriedades físicas e mecânicas melhoradas e podem melhorar o desempenho da maquinação de ligas aeroespaciais, especialmente quando a velocidade de corte é muito elevada. Foram estudadas variáveis de resposta como a vida da ferramenta, o desgaste e as forças de corte. Foram realizadas várias experiências em diferentes condições variáveis com quatro pastilhas de ferramentas diferentes, que tinham composições diferentes, conforme indicado na tabela 2 abaixo:

Tabela 2: Composição química e propriedades físicas dos materiais cerâmicos utilizados nas ferramentas [64]

Code	Al_2O_3 (wt. %)	TiCN (wt. %)	ZrO_2 (wt. %)	Si_3N_4 (wt. %)	SiC (wt. %)	Y_2O_3 (wt. %)	Hardness (HV_5)	Edge toughness (MPa $m^{1/2}$)
T1	75	20	5	-	-	-	1779	10.54
T2	75	20	5	-	-	-	1530	7.32
T3	4.5	18.2	-	68.3	4.5	4.5	1670	6.92
T4	-	-	-	75	25	-	1637	8.62

Neste estudo, verificou-se que a ferramenta nano-cerâmica à base de alumina (Al_2O_3) (classe T2) apresentou os melhores resultados em termos de rugosidade superficial e vida útil da ferramenta, sob determinadas condições. As ferramentas nanocerâmicas apresentaram falhas por desgaste da ponta na maquinação do Inconel 718, devido à temperatura excessiva e às tensões geradas na ponta da ferramenta. A cerâmica de nano-grão à base de Si3N4 (classe T4) apresentou a maior taxa de desgaste. Exceto para esta ferramenta, as forças de corte diminuíram com o aumento da velocidade da mesa.

O mecanismo de desgaste que ocorre nas ferramentas de metal duro foi investigado através do estudo das superfícies de desgaste das ferramentas de corte no torneamento da liga Inconel 718 por Liao et al. [65]. As imagens SEM indicaram que o desgaste das ferramentas de metal duro em condições de torneamento a alta velocidade (35 m/min) foi atribuído à difusão dos elementos da peça, Ni e Fe, para o ligante da ferramenta (Co) através de um mecanismo de difusão nos limites do grão, pelo que o desgaste por difusão foi dominante. Este mecanismo resultou na redução da força de ligação entre o ligante (Co) e as partículas de carboneto (WC, TiC). As partículas de carboneto foram então destacadas da ferramenta de carboneto cimentado por tensões de fluxo elevadas. A análise teórica também confirmou o mecanismo de difusão nos limites do grão proposto.

Os efeitos relativos da utilização de nitrito de sódio, óleo solúvel e azoto líquido como fluidos de moagem na capacidade de moagem do Inconel 718 foram estudados e comparados com mós de alumina por Dasgupta et al. [66]. Verificou-se que o nitrito de sódio proporcionou os melhores resultados no que diz respeito às forças de retificação e à relação de retificação, devido à sua capacidade de aderência e lubrificação. Também se verificou uma formação favorável de aparas.

A fim de maquinar superligas de forma mais eficiente, o pré-aquecimento da peça de trabalho utilizando um laser CO_2 foi efectuado no início da década de 1980. Apesar de a maquinagem assistida por laser (LAM) de metais ser bastante viável, como demonstrado por investigações anteriores, vários problemas levaram à ausência de mais investigação. Para reduzir estes problemas, Anderson et al.

[67] identificaram e tentaram minimizar as principais causas de controlo da melhoria insuficiente da Maquinação Assistida por Laser em relação à maquinação convencional. Utilizaram um laser CO_2 de 1,5 kW para pré-aquecer a superfície da superliga Inconel 718. A elevada absorção da energia do laser de CO_2 nos metais foi conseguida através da escolha de um tipo de revestimento e de uma condição de revestimento adequados, bem como de parâmetros de processamento optimizados. Os resultados da LAM foram analisados experimentalmente e comparados através da alteração das condições de funcionamento da profundidade de corte e do avanço. A energia de corte específica mostrou uma diminuição significativa durante a LAM em comparação com a maquinagem convencional, mas mostrou alterações insignificantes a temperaturas de remoção de material de 360-540° C. O acabamento da superfície melhorou quase duas vezes à medida que a temperatura aumentou da temperatura ambiente para 540° C. O desgaste médio do flanco durante a LAM foi significativamente inferior ao da maquinação convencional. Existem grandes benefícios económicos para a LAM, uma vez que o custo de maquinação de 1 metro de comprimento de Inconel 718 diminui 66% em relação à maquinação convencional de carboneto e quase 50% em relação à maquinação convencional de cerâmica a 3,0 m/s. O tempo para maquinar o mesmo comprimento também diminuiu numa quantidade semelhante.

A revisão da literatura aqui apresentada lança alguma luz sobre as práticas de maquinação/retificação do Inconel 718. Foram utilizados vários tipos de rebolos, cada um com as suas próprias vantagens e desvantagens. A maquinação criogénica também foi realizada com azoto líquido, o que é bastante dispendioso. Por conseguinte, foi necessário utilizar um método de arrefecimento menos dispendioso, ou seja, utilizando CO_2 líquido. O aumento das forças devido à carga intensa das rodas é uma preocupação séria para o Inconel 718, pelo que é necessário um tratamento adequado. Tentou-se ultrapassar todas estas limitações através de um estudo comparativo da retificação do Inconel 718 em várias condições ambientais: retificação a seco, retificação a húmido com aplicação gota a gota de água com sabão, retificação a húmido com fornecimento de microjatos de água com sabão, retificação assistida por CO_2 líquido e retificação assistida por CO_2 líquido com fornecimento de microjatos de água com sabão. A secção seguinte apresenta a experimentação, a análise e os resultados deste trabalho de investigação.

Capítulo 5: PROCEDIMENTO EXPERIMENTAL

Neste estudo experimental, foi utilizada uma máquina de retificação de superfícies de eixo horizontal. A retificação ascendente foi realizada em todas as experiências com um avanço de 10 µm. Foi mantida uma velocidade constante da mó de 30 m/s e um avanço da mesa de 14 m/min durante toda a investigação experimental. Os valores de força foram medidos por um dinamómetro do tipo strain gauge fabricado pela Sushma. Durante cada passagem, foram medidas e registadas as componentes tangencial (F_t) e normal (F_n) das forças. A rugosidade da superfície foi medida por um medidor de rugosidade de superfície portátil fabricado pela Mitutoyo. O equipamento utilizado e os pormenores são mencionados na Tabela 3(a), juntamente com os diagramas adequados na Fig.11(a) a (d). Os pormenores experimentais são apresentados na Tabela 3(b).

Quadro 3(a): Pormenores do equipamento

Máquina de retificação de superfícies	Marca: HMT Praga Division, Índia Modelo: 452 P Resolução de alimentação: 1 um Potência do motor principal: 1,5 kW Velocidade máxima do fuso: 2800 rpm
Roda de moagem	Marca: Carborundum Universal Limited Tipo: Disco Dimensão: ϕ200mm x 20mm x ϕ31,75mm Especificação: AA60K5V8
Peça de trabalho	Material: Inconel 718 Dimensão: 120mm x 60mm x 6mm Dureza: 82 HRB
Dinamómetro de força	Marca: Sushma Grinding Dynamometer, Bengaluru Modelo: SA 116 Gama: 0,1-100 kg Resolução: 0,1 kg
Indicador de força	Marca: Sushma Grinding Dynamometer, Bengaluru Modelo: SA 115 Gama: 0,1-100 kg Resolução: 0,1 kg
Preparador de rodas	Marca: Solar, Índia Especificação: Ponta de diamante de ponta única de 0,5 quilates Alimentação do penso: 20 um Alimentação: 1,8 m/min
Testador de rugosidade da superfície	Marca: Mitotoyo, Japão Modelo: Surftest 301

	Gama: 0,05-40 um Resolução: 0,05 um
Microscópio estéreo	Marca: Gippon, Japão Modelo: GD-2PL Gama: 20X a 40 X
Testador de microdureza	Marca: Omnitech, Índia Modelo: S Auto 581

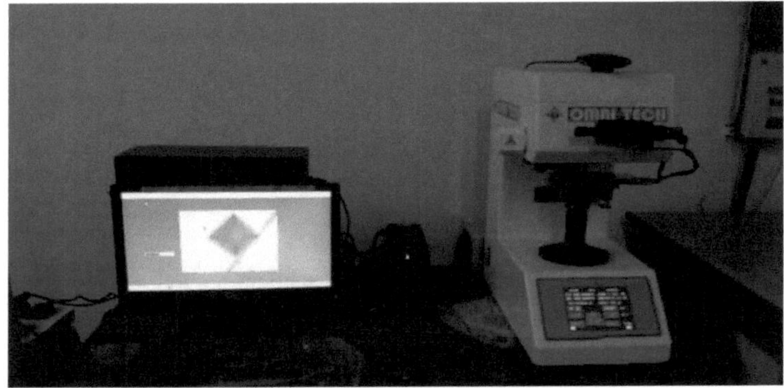

Fig. 11(a): Aparelho de ensaio de microdureza utilizado

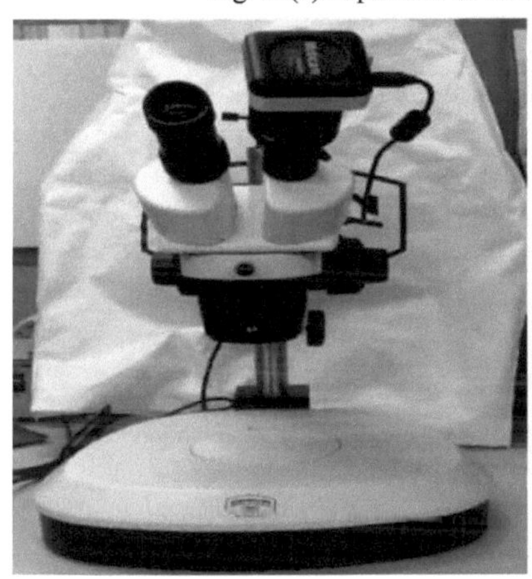

Fig. 11(b): Estereomicroscópio utilizadoFig . 11(c): Medidor com mostrador utilizado

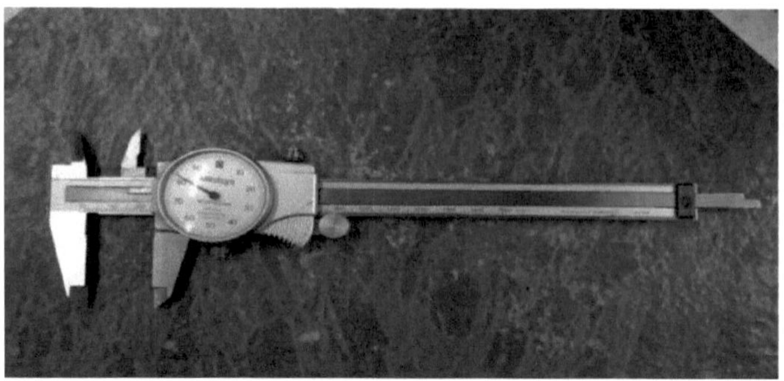

Fig. 11(d): Vernier calliper utilizado

Tabela 3(b): Pormenores experimentais

Parâmetros do processo	a) Alimentação: 10 µm b) Velocidade da mó: 30 m/s c) Velocidade da mesa: 14 m/min d) Condições ambientais: Seco, húmido com aplicação gota a gota de água com sabão, húmido com distribuição de água com sabão por microjacto, trituração com CO_2 líquido, trituração assistida por CO_2 líquido com distribuição de água com sabão por microjacto
Variáveis de resposta	Forças de retificação, rugosidade da superfície, rácio G, energia específica, morfologia das aparas

As peças utilizadas foram placas rectangulares de liga Inconel 718 com dimensões de 120mm x 60mm x 6mm. A amostra 1 tinha uma dureza de 81 HRB enquanto a amostra 2 tinha uma dureza de 83 HRB. A composição química do Inconel 718 utilizado nesta experiência é apresentada na Tabela 2.

Tabela 4: Composição química da liga Inconel 718 obtida por análise XRF em wt.%

Ni	Fe	Cr	Nb	Mo	Ti	Co	Al
54.9	18.6	17.1	4.6	2.8	0.8	0.6	0.3

5.1 PREPARAÇÃO DAS RODAS: AFINAÇÃO E CALANDRAGEM

Antes de se iniciarem as experiências de retificação, foi efectuado o alinhamento da roda para eliminar qualquer excentricidade, utilizando uma ferramenta com ponta de diamante de 0,5 quilates. Antes do início de cada experiência, o rebolo foi preparado com a mesma ferramenta para remover a carga do rebolo. Foi mantida uma alimentação de 20 pm e uma alimentação de 1,8 m/min durante todas as experiências.

5.2 PROCEDIMENTO DE ENSAIO

As experiências de retificação foram realizadas com uma mó de alumina montada numa máquina de retificação de superfícies. Foi mantida uma alimentação constante de 10 µm durante toda a experiência. Foram realizados cinco conjuntos de experiências, cada um com uma réplica nas mesmas condições e parâmetros. A retificação ascendente foi efectuada porque a mó não foi sujeita a cargas e vibrações elevadas. Além disso, o acabamento superficial obtido é bastante elevado. Durante toda a investigação experimental foi mantida uma velocidade constante da mó de 30 m/s e um avanço da mesa de 14 m/min. As várias condições de retificação são descritas a seguir com diagramas apropriados:

1. **Retificação a seco:** A retificação do Inconel 718 foi efectuada em condições secas durante 20 passagens de retificação ascendentes sem a aplicação de qualquer fluido de corte, como se mostra na Fig. 2(a).

Fig. 12(a): Configuração da retificação a seco

3. **Humedecer com aplicação gota a gota de água com sabão:** A solução de sabão, feita com champô (clinic plus) misturado com água (na proporção de 1:20 por volume), foi utilizada como fluido de corte. Foi mantido um caudal de 15 ml/minuto por um bocal com um diâmetro exterior de 1,25 mm. O fluido foi aplicado na peça de trabalho, gota a gota, sob a ação da gravidade, como um método de lubrificação de quantidade mínima (MQL). O bocal foi ligado a uma garrafa de soro fisiológico e a um tubo, como se mostra na Fig. 12(b).

Fig. 12(b): Disposição gota a gota da água com sabão.

4. **Molhado com micro jato de água com sabão:** Foi utilizado um micro bico especialmente concebido (diâmetro ~1,23 mm) para fornecer a solução de sabão sob a forma de um jato que penetrou bem na zona de moagem. Um caudal constante de 210 ml/min foi mantido por uma bomba de tamanho micro com uma potência de apenas 10W. Utilizou-se um filtro para drenar o fluido usado para o tanque que contém a microbomba, conseguindo-se assim a reciclagem. O diagrama desta

disposição é apresentado na Fig. 12(c).

Fig. 12(c): Microjacto com disposição de microbomba

5. **Retificação assistida por CO_2 líquido:** O CO_2 líquido, a uma temperatura de -26 °C, foi utilizado como refrigerante, fornecido por um bocal de diâmetro de 3,25 mm. A pressão do cilindro foi mantida a 70 kg/cm^2 enquanto a pressão de saída foi de 3 kg/cm^2 . O CO_2 líquido é barato, abundante e pode ser comprimido para a forma líquida, arrefecer a mó e evaporar para se tornar novamente gás. A Fig. 12(d) representa a configuração da retificação com CO_2 líquido.

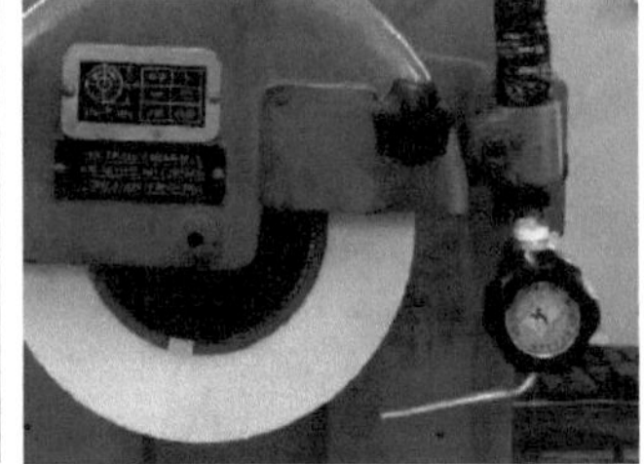

Fig. 12(d): Moagem com CO_2

5. **Moagem assistida por CO_2 líquido com microjactos de água com sabão:** Foi utilizada uma combinação de microjactos de água com sabão e CO_2 líquido. Foram utilizados os bicos descritos acima, apontando na mesma direção. A Fig. 12(e) mostra a configuração adequada.

Fig. 12(e): Retificação com CO_2 líquido microjacto de água com sabão

5.3 DESGASTE DA MÓ

A medição do desgaste da roda é vital, uma vez que permite calcular o rácio G ou rácio de retificação, que indica a capacidade de retificação. Após a conclusão de 20 passagens, o sulco formado no rebolo foi medido utilizando um medidor de profundidade em três pontos equidistantes ao longo da circunferência do rebolo. A média destes valores foi utilizada para calcular o volume de material removido do disco.

5.4 MEDIÇÃO DA RUGOSIDADE DA SUPERFÍCIE

As medições de rugosidade servem para indicar a qualidade da superfície maquinada. Neste trabalho, um medidor de rugosidade de superfície, Surftest, forneceu valores de rugosidade. A retificação da superfície foi realizada ao longo da direção longitudinal da peça de trabalho. Por conseguinte, a rugosidade média da superfície (Ra) foi medida traçando a ponta do perfilómetro ao longo da superfície da peça de trabalho perpendicularmente à direção de retificação. As medições foram efectuadas em seis locais diferentes ao longo do comprimento da peça.

Capítulo 6: RESULTADOS E DISCUSSÃO

6.1 MEDIÇÕES DE FORÇA

A Tabela 5 mostra as forças de moagem na moagem do Inconel 718 em condições secas com uma alimentação de 10 gm em duas experiências replicadas. A Fig. 13(a)-(b) mostra a variação das forças com o número de passagens.

Tabela 5: Valores de força na retificação a seco do Inconel 718

Número de passes	Replicação 1		Replicação 2	
	F_t (N)	F_n (N)	F_t (N)	F_n (N)
1	14.7	50.96	15.68	41.2
2	16.66	54.88	16.66	42.14
3	17.64	52.92	16.66	50.96
4	15.68	60.76	17.64	60.76
5	15.68	77.42	19.6	63.7
6	16.66	79.38	19.6	71.54
7	17.64	79.38	21.56	73.5
8	17.64	69.58	25.48	83.3
9	24.5	86.24	28.42	88.2
10	25.48	86.24	34.3	88.2
11	19.6	86.24	56.5	105.84
12	19.6	86.24	50.96	99.96
13	25.48	95.06	53.9	98.98
14	20.58	98	53.9	102.23
15	18.2	83.3	31.36	87.22
16	21.56	99.96	31.36	92.12
17	22.54	103.88	32.34	99.96
18	21.56	98	34.3	103.88
19	20.58	111.72	35.28	109.76
20	27.44	115.64	37.24	109.76

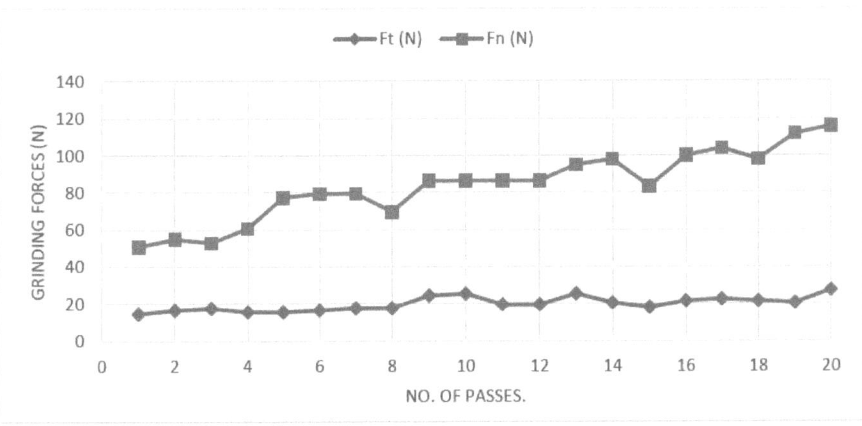

Fig. 13(a): Variação das forças na retificação do Inconel 718 em condições secas (réplica 1)

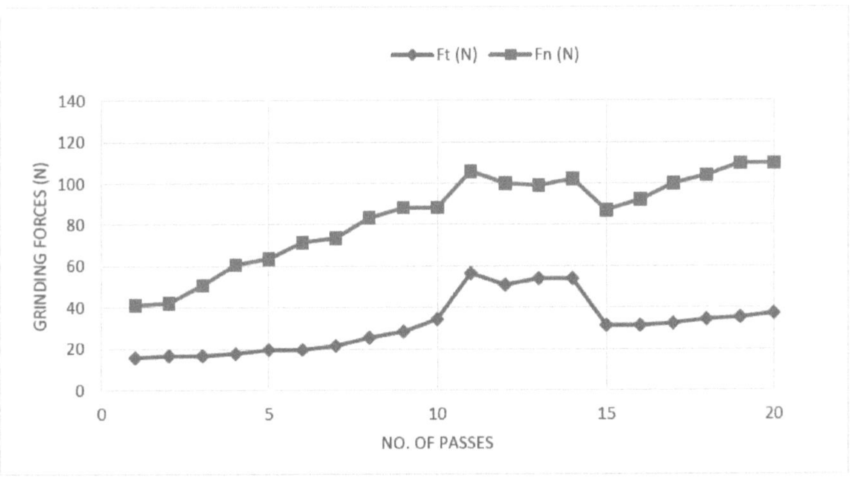

Fig. 13(b): Variação das forças na retificação do Inconel 718 em condições secas (réplica 2)

A Fig. 13(a) mostra uma tendência de aumento quase constante dos valores de força. Os valores de F_n são mais elevados do que os valores correspondentes de F_t. No entanto, nas passagens 3rd, 8th, 15th e 18th, os valores de F_n caíram drasticamente, como se pode ver na Fig. 13(a), enquanto a curva F_t estava a aumentar mais ou menos gradualmente. Isto indica que, nas passagens acima mencionadas, ocorreu a afiação automática da mó carregada, o que diminuiu as forças tangenciais e normais. Os desvios da curva Ft não são tão pronunciados como na curva F_n. Na Fig. 13(b), as forças apresentaram um valor bastante elevado para a passagem de 10th a 15th. Além disso, o aumento dos valores de F_n até à passagem 11th é bastante rápido, o que indica que as forças aumentaram de magnitude muito rapidamente, talvez devido à carga intensa da roda. A descida dos valores de força nas passagens 11th e 15th indica que a afiação automática da roda teve lugar, mas apenas durante um curto período de tempo.

A Tabela 6 mostra os valores de força na retificação de Inconel 718 com aplicação gota a gota de água com sabão a uma entrada de 10pm em duas experiências replicadas. As Figs. 14(a) e (b) mostram a variação dos valores de força com o número de passagens.

Tabela 6: Valores de força utilizando a distribuição gota a gota de água com sabão

Número de passes	Replicação 1		Replicação 2	
	F_t (N)	F_n (N)	F_t (N)	F_n (N)
1	3.92	12.74	7.84	18.62
2	7.84	19.6	11.76	25.48
3	10.78	20.58	13.72	31.36
4	13.72	23.52	17.64	38.22
5	17.64	27.44	19.6	41.16
6	16.66	30.38	19.6	43.12
7	19.6	35.28	20.58	48.02
8	17.64	43.12	21.56	48.02
9	18.62	48.02	22.54	47.04
10	19.6	50.96	25.48	52.92
11	20.58	53.9	26.46	58.8
12	20.58	56.84	27.44	59.6
13	20.58	60.76	27.44	58.8
14	17.64	63.7	28.42	67.62
15	17.64	66.64	29.4	70.56
16	11.4	61.2	20.58	63.7
17	17.64	75.48	29.4	66.64
18	10.5	60.76	30.38	57.82
19	19.6	72.6	25.48	52.92
20	21.56	78.4	24.5	49.98

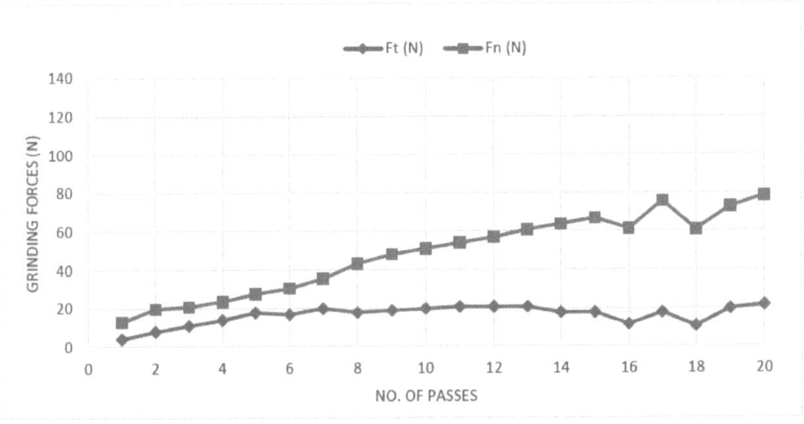

Fig. 14(a): Variação das forças durante a retificação do Inconel 718 com o fornecimento gota a gota de água com sabão (réplica 1)

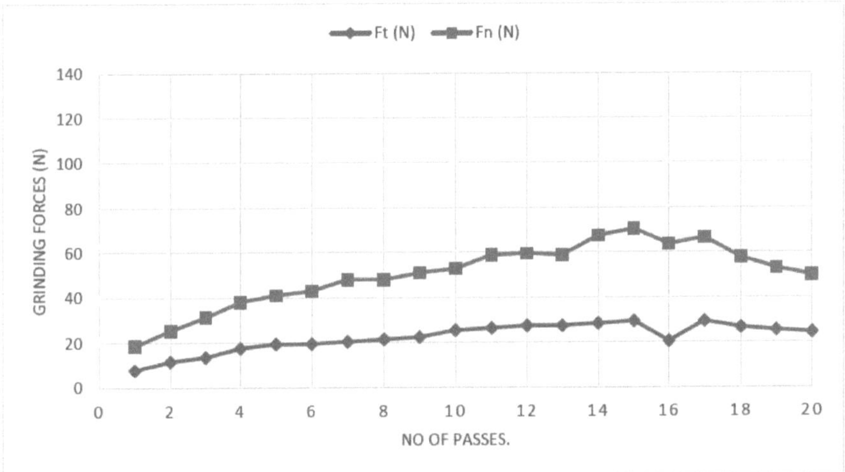

Fig. 14(b): Variação das forças durante a retificação do Inconel 718 com o fornecimento gota a gota de água com sabão (replicação 2)

Em todos os pontos, nota-se que F_n é maior do que Ft. A partir da Fig. 14(a), observa-se que F_n e F_t aumentaram gradualmente, caíram drasticamente na passagem 16th , aumentaram novamente na passagem seguinte e continuaram a diminuir depois disso. Isto deve-se ao facto de, com o aumento do avanço, a magnitude da força aumentar até à passagem 15th . Na passagem seguinte, os grãos afiados entram em contacto com a peça de trabalho, o que diminui as forças globais de retificação. Depois disso, as forças diminuíram gradualmente, o que indica que a mó foi afiada automaticamente. Além disso, os valores médios da força foram inferiores aos da retificação a seco. Isto deve-se ao efeito lubrificante da água com sabão, que diminuiu o atrito e as forças globais. No caso das réplicas (Fig. 14 (b)), a Ft diminuiu gradualmente após a 15ª passagemth , indicando que a afiação automática teve lugar.

A Tabela 7 representa os valores de força de duas experiências replicadas na retificação de Inconel

718 com um microjacto de água com sabão. As Figs. 15(a) e (b) representam a variação das forças de retificação com o número de passagens.

Tabela 7: Valores de força utilizando microjactos de água com sabão

Número de passes	Replicação 1		Replicação 2	
	F_t (N)	F_n (N)	F_t (N)	F_n (N)
1	5.88	13.72	3.92	11.76
2	8.82	19.6	5.88	17.64
3	11.76	25.48	9.8	26.46
4	13.72	30.38	11.76	31.36
5	13.72	32.34	15.68	37.24
6	14.7	33.32	15.68	41.16
7	14.7	33.32	17.64	46.06
8	15.68	37.24	16.66	48.02
9	18.62	41.16	19.6	47.04
10	18.62	44.1	20.58	51.6
11	20.58	45.08	22.54	51.94
12	21.56	46.06	23.52	53.9
13	22.54	54.88	22.54	53.9
14	24.5	57.82	17.64	52.92
15	13.72	56.84	21.56	64.68
16	22.54	59.78	19.6	66.5
17	19.6	48.02	14.7	62.8
18	17.64	44.1	19.6	67.62
19	20.58	42.14	18.62	69.58
20	19.6	40.18	20.58	64.68

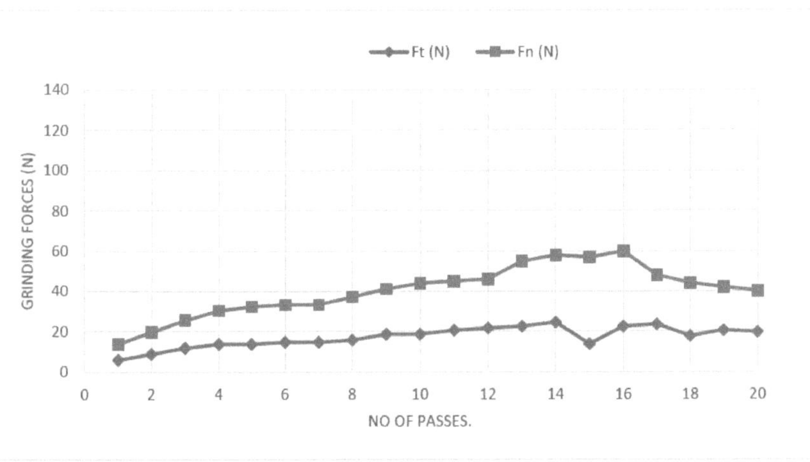

Fig. 15(a): Variação das forças na retificação de Inconel com microjactos de água com sabão (réplica 1)

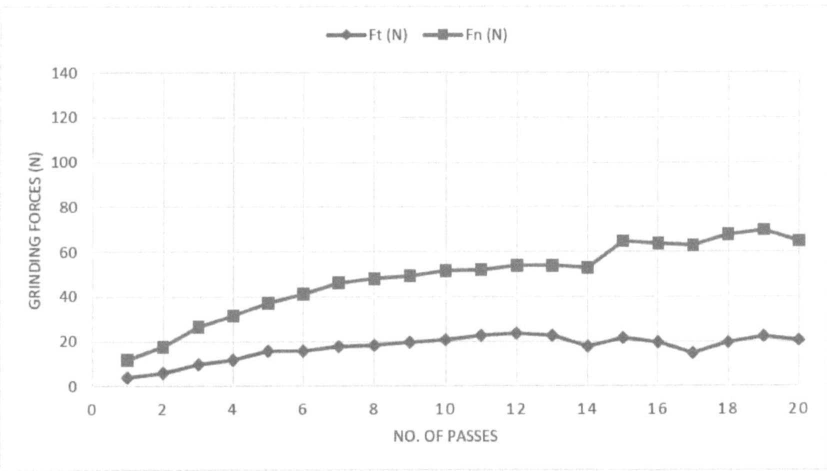

Fig. 15(b): Variação das forças na retificação de Inconel com microjactos de água com sabão (réplica 2)

Como é evidente, os valores de força são bastante inferiores aos obtidos por moagem a seco ou húmida. Isto deve-se a uma melhor penetração do microjacto de água com sabão na zona de trituração, o que reduz a temperatura e o atrito, reduzindo assim as forças de trituração. A Fig. 15(a) mostra um aumento constante dos valores de F_n para as primeiras 5 passagens até à 16th passagem, após a qual continua a diminuir. Este facto deve-se à rigidez do disco até à passagem 5th . Depois, a partir da 16th passagem, ocorre a afiação automática do disco, trazendo grãos frescos para a superfície para uma afiação eficiente. A curva Ft também mostra uma tendência ascendente, com o valor a cair abruptamente na passagem 15th e a subir novamente. Esta observação é ainda reforçada pela Fig. 15(b), onde a afiação automática teve lugar após a passagem 12th no caso da curva F_t (Fig. 15(b)).

A Tabela 8 indica as forças de retificação de duas experiências replicadas na retificação de Inconel 718 com refrigerante líquido CO_2 . As Figs. 16(a) e (b) representam a variação das forças com o número de passagens.

Quadro 8: Valores de força utilizando CO_2

Número de passes	Replicação 1		Replicação 2	
	F_t (N)	F_n (N)	F_t (N)	F_n (N)
1	1.96	5.88	9.8	21.56
2	2.94	7.84	13.72	34.3
3	7.84	14.7	18.62	53.9
4	12.74	27.44	22.54	77.42
5	16.66	38.22	23.52	78.4
6	18.62	49	26.46	82.32
7	19.6	59.78	25.48	73.5
8	20.58	58.8	27.72	75.46
9	22.54	62.72	28.42	83.3
10	24.5	77.42	29.4	91.14
11	19.96	66.64	28.42	90.16
12	20.58	76.44	30.38	85.26
13	26.46	83.3	31.36	105.84
14	24.5	85.26	26.46	101.92
15	23.58	84.28	31.36	107.8
16	23.58	83.3	25.48	101.92
17	35.28	89.18	24.2	99.96
18	36.2	92.12	31.36	109.76
19	25.48	84.28	25.48	107.8
20	22.34	79.38	23.58	98.98

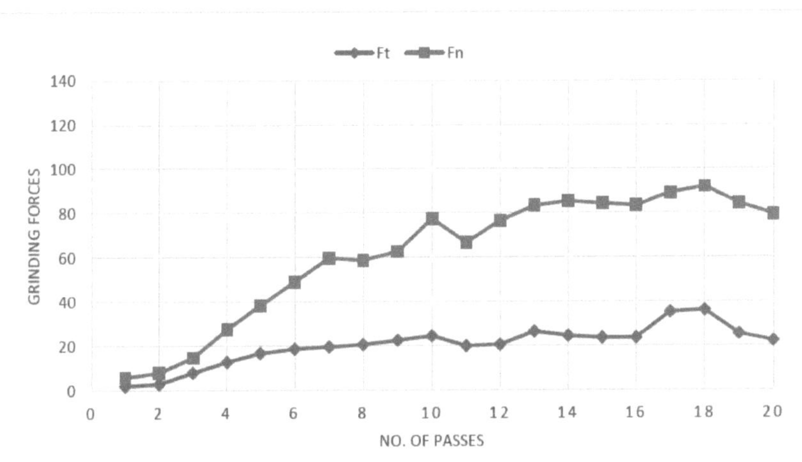

Fig. 16(a): Variação de forças na retificação de Inconel 718 com CO líquido$_2$ (replicação 1)

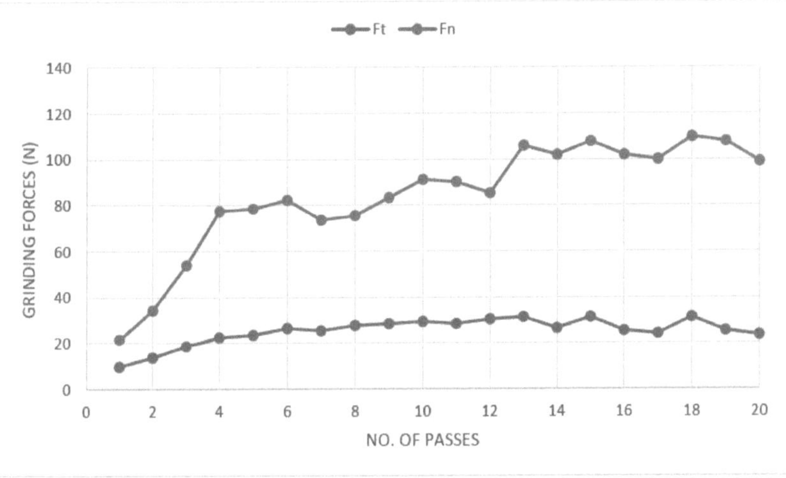

Fig. 16(b): Variação de forças na retificação de Inconel 718 com CO líquido$_2$ (replicação 2)

As forças de moagem assistidas por dióxido de carbono líquido são mostradas nas Figs. 16(a) e (b). Observa-se na Fig. 16(a) que a curva F_n aumenta, mas para as passagens 11th , 16th , 19th e 20th , onde desce bastante. Este facto pode dever-se à presença de grãos auto-afiados, que diminuíram F_n devido a uma menor lavra e fricção. Além disso, a velocidade do jato de CO_2 é bastante elevada e atinge a superfície da mó na zona de trituração, rompendo a camada de ar que envolve a mó. Este jato de alta pressão e alta velocidade pode provocar o deslocamento das aparas da superfície da mó, diminuindo assim a carga da mó, pelo que F_n diminui em pontos aleatórios. A curva F_t também apresenta o mesmo comportamento, mas o valor médio é bastante inferior ao de F_n . A Fig. 16(b) mostra um aumento inicial muito elevado dos valores de F_n até à passagem de 4th . Isto pode dever-se à presença de pontos duros na superfície da peça de trabalho, que são centros de elevada concentração de tensões. Após um certo número de passagens, os pontos duros foram eliminados.

A Tabela 9 tabula as forças de retificação em duas experiências replicadas ao retificar Inconel 718 com arrefecimento assistido por CO_2 líquido e microjactos de água com sabão. As Figs. 17(a) e (b) representam as variações de força com o número de passagens.

Tabela 9: Valores de força utilizando CO líquido$_2$ e microjacto de água com sabão

Número de passes	Replicação 1		Replicação 2	
	F_t (N)	F_n (N)	F_t (N)	F_n (N)
1	2.94	13.72	7.84	14.7
2	7.84	15.68	10.78	22.54
3	12.74	24.5	13.72	33.32
4	15.68	37.24	19.6	41.16
5	16.66	41.16	30.38	74.48
6	18.62	44.1	20.58	61.74
7	19.6	49	27.44	64.68
8	22.54	57.82	19.6	59.78
9	24.5	63.7	32.34	50.96
10	21.56	64.68	28.42	73.5
11	19.6	63.7	31.36	93.1
12	23.52	66.64	25.48	61.74
13	24.5	72.52	25.48	72.52
14	20.58	67.62	21.56	63.7
15	25.48	72.52	27.44	70.56
16	22.54	75.46	22.54	73.5
17	22.54	77.42	24.5	84.28
18	23.52	75.46	27.44	41.16
19	20.58	76.44	22.54	98
20	28.42	83.3	31.36	88.2

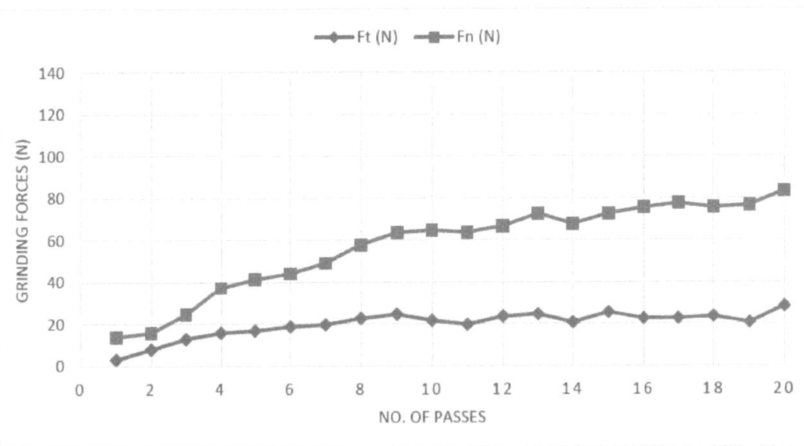

Fig. 17(a): Variação das forças na retificação do Inconel 718 com CO líquido$_2$ e microjacto de água com sabão (réplica 1)

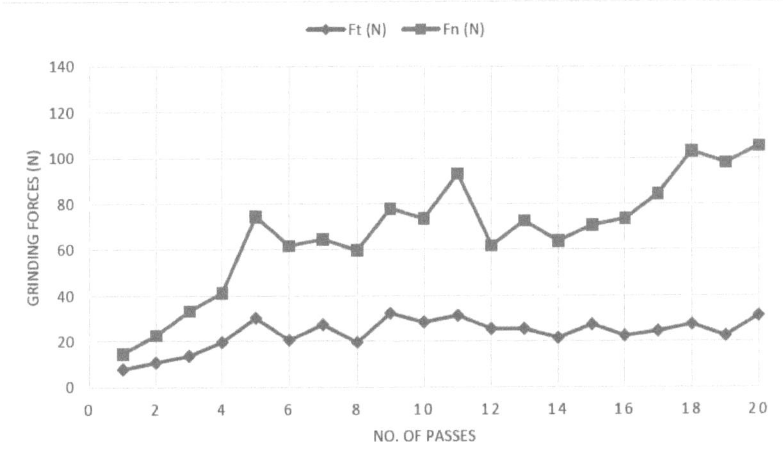

Fig. 17(b): Variação das forças na retificação de Inconel 718 com CO líquido$_2$ e microjacto de água com sabão (replicação 2)

As Figs. 17(a) e (b) mostram a variação das forças de moagem utilizando CO_2 líquido e microjactos de água com sabão. Na Fig. 17(a) é evidente um aumento constante de F_n e F_t . Notam-se algumas excepções nas passagens 11th , 14th e 18th principalmente. O efeito combinado das altas velocidades do CO líquido$_2$ e dos jactos de água com sabão diminui a carga da roda. Também pode ter ocorrido uma afiação automática da roda nas passagens 11th , 14th e 18th . A Fig. 10 mostra um carácter muito errático das forças. Nas 4 passagens iniciais, as forças aumentam como esperado. Depois disso, as forças apresentam um comportamento muito aleatório, cuja razão é imprevisível. O elevado aumento das forças pode dever-se ao aprisionamento de partículas de sabão nos espaços intergranulares da mó, o que provoca uma certa carga devido à fricção. A diminuição aleatória das forças pode dever-se à afiação automática e à redução da carga sobre a roda.

Em todos os gráficos, é claramente visível que a força normal (F_n) é superior à força tangencial (F_t). Isto deve-se ao ângulo de inclinação altamente negativo dos grãos e à fricção intensa do disco com a peça de trabalho. Além disso, observa-se uma tendência de aumento gradual das forças. Isto deve-se ao facto de as forças aumentarem com o aumento do avanço e com o rápido embotamento dos grãos do rebolo e da carga do rebolo. Observou-se um mínimo de faíscas e vibrações. Foram observadas formações de rebarbas, principalmente rebarbas laterais. A superfície da peça, após a retificação, era lisa e sem defeitos visíveis.

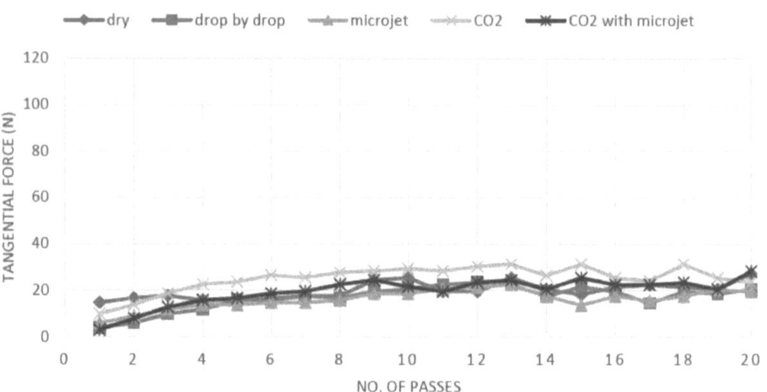

Fig. 18(a): Comparação da força tangencial (F_t) entre diferentes condições ambientais na réplica 1

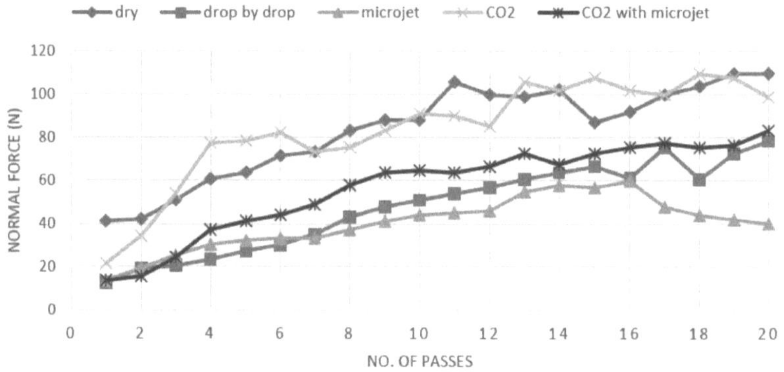

Fig. 18(b): Comparação da força normal (F_n) entre diferentes condições ambientais na réplica 1

As Figs. 18(a) e (b) representam a comparação de F_t e F_n , respetivamente, no caso de cinco condições ambientais diferentes: a seco, aplicação gota a gota de água com sabão, aplicação de microjactos de água com sabão, trituração assistida por CO líquido$_2$ e trituração assistida por CO líquido$_2$ com aplicação de microjactos de água com sabão para a replicação 1, enquanto as Figs. 19(a) e (b) mostram as curvas para a replicação 2. As forças de trituração são mais elevadas no caso da trituração assistida por CO_2 líquido, seguida da trituração a seco, como se pode ver na Fig. 18(a). Este comportamento peculiar pode dever-se ao facto de o jato de CO líquido a baixa temperatura$_2$ proporcionar um efeito de arrefecimento, mas não de lubrificação. Além disso, os materiais difíceis de maquinar tendem a tornar-se mais duros e resistentes a baixas temperaturas [60]. Este facto é ainda reforçado pela realização de ensaios de microdureza na peça, que registaram um aumento de 18% na dureza (HV), como indicado na Tabela 11 apresentada mais adiante. Como a peça de trabalho foi rectificada abaixo da temperatura de recristalização do Inconel 718, ocorreu um trabalho a frio que aumentou a dureza da peça de trabalho e, consequentemente, uma força mais elevada (F_t). F_t apresentou os valores mais baixos no caso da aplicação de microjactos de água com sabão. Isto deve-se ao facto de a alta pressão e a alta velocidade do jato de água com sabão penetrarem bem na camada de ar e na zona de trituração, reduzindo a temperatura e o atrito, actuando assim como um bom lubrificante. O CO líquido$_2$ com sistema de microjacto também apresenta forças elevadas, mas não tão elevadas como as do CO líquido$_2$ apenas. Isto deve-se ao facto de, apesar de se tratar de um mecanismo complexo que envolve trabalho a frio e endurecimento por trabalho, o efeito lubrificante da água com sabão sob a forma de um jato ter sido conseguido, reduzindo as forças. Observando a fig. 18(b), podem ser tiradas conclusões semelhantes. A retificação assistida por CO_2 líquido apresentou os valores de força mais elevados. Este facto deve-se às razões explicadas anteriormente. A retificação a seco também apresentou valores mais elevados, quase próximos dos da retificação assistida por CO_2 líquido. Os valores de força obtidos com a aplicação de água com sabão por microjacto foram os mais baixos. Os valores da força tendem a seguir um padrão semelhante ao apresentado nas Figs. 19(a) e (b). Assim, no que diz respeito às forças de moagem, o microjacto de água com sabão foi considerado o mais eficaz.

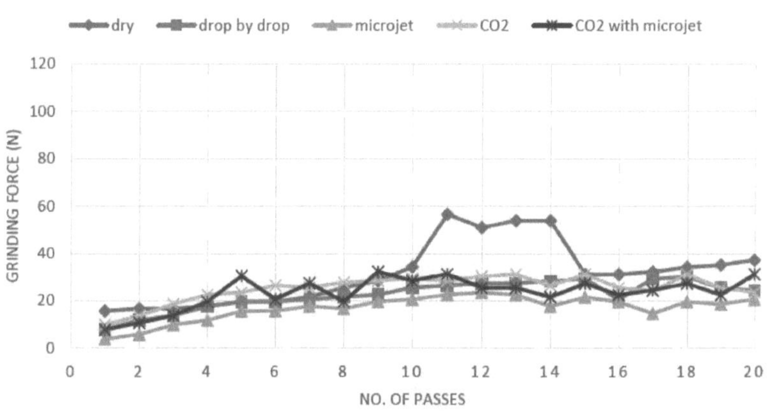

Fig. 19(a): Comparação da força tangencial (F_t) entre diferentes condições ambientais (replicações)

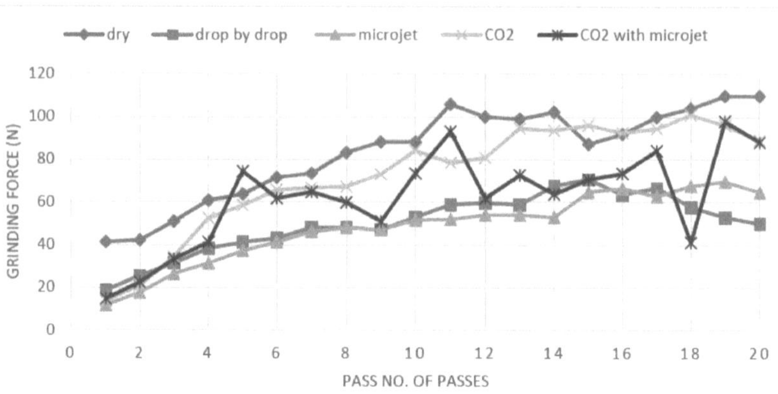

Fig. 19(b): Comparação da força tangencial (F_n) entre diferentes condições ambientais (replicações)

6.2 QUALIDADE DA SUPERFÍCIE DO SOLO

6.2.1 MORFOLOGIA DA SUPERFÍCIE DO SOLO

A qualidade da superfície maquinada é um dos principais factores na avaliação da capacidade de retificação. A qualidade da superfície inclui a integridade da superfície e a rugosidade da superfície. A superfície foi observada num estereomicroscópio de alta resolução e foram tiradas fotografias com uma câmara acoplada ao mesmo. A Fig. 20(a)-(b) mostra a textura da superfície ao retificar Inconel 718 com 10 μm de alimentação em condições secas. Podem ser observados dois microfuros que são causados pela remoção de material da superfície. Isto pode dever-se à elevada temperatura de retificação e à elevada fricção. Observam-se algumas marcas profundas na superfície, o que indica que o principal modo de remoção de material é o cisalhamento. Também se registou alguma fricção, como indicado pelo valor elevado de F_n na Fig.13.

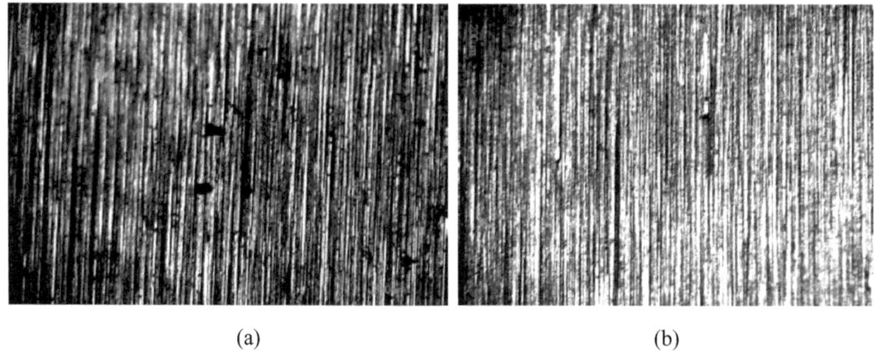

(a) (b)

Figs. 20(a), (b): Morfologia da superfície em condições secas em dois locais diferentes da superfície do solo

A Fig. 21(a)-(b) mostra a superfície da peça de trabalho ao retificar Inconel com aplicação gota a gota de água com sabão. A superfície apresenta-se lisa e sem fissuras ou defeitos. Isto pode dever-se ao fluido aplicado, que pode ter arrefecido a zona de retificação ao transportar alguma parte do calor e reduz o atrito por lubrificação. Foi observada uma menor quantidade de marcas de assentamento em comparação com a retificação a seco.

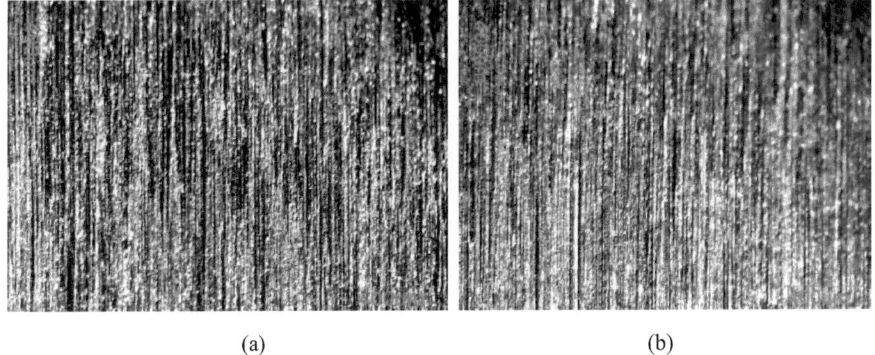

(a) (b)

Fig. 21(a), (b): Morfologia da superfície com aplicação gota a gota de água com sabão em dois locais diferentes da superfície do solo

A Fig. 22(a)-(b) mostra a textura da superfície ao retificar Inconel 718 com microjactos de água com sabão a 10 µm. As marcas de assentamento obtidas são bastante menores em comparação com a retificação a seco e a húmido com aplicação gota a gota de água com sabão. Esperava-se que as forças aumentassem, mas tal não aconteceu. Isto pode dever-se ao facto de a água com sabão atuar como um bom agente lubrificante.

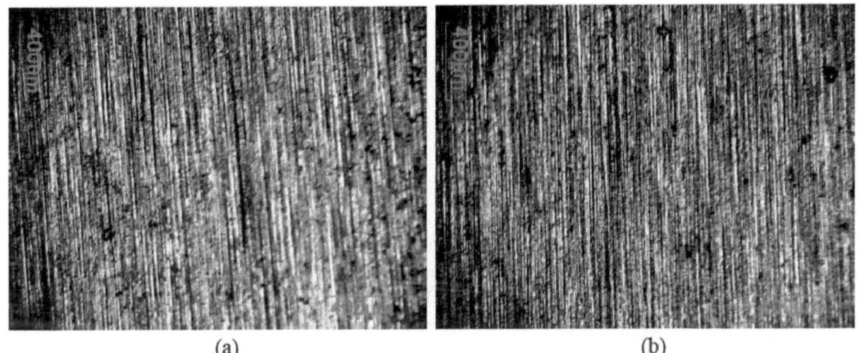

(a) (b)

Fig. 22(a), (b): Morfologia da superfície com aplicação de microjactos de água com sabão em dois locais diferentes da superfície do solo

A Fig. 23(a)-(b) mostra a textura da superfície ao retificar Inconel 718 com líquido de arrefecimento CO_2 . A quantidade de marcas obtidas é bastante insignificante. Este facto deve-se ao aumento da dureza da peça a baixas temperaturas, que oferece maior resistência ao risco ou à penetração dos grãos. São observados um ou dois microfuros que indicam a existência de arado e/ou fricção, aumentando subsequentemente as forças de retificação, como se pode ver na Fig. 18(a) e (b).

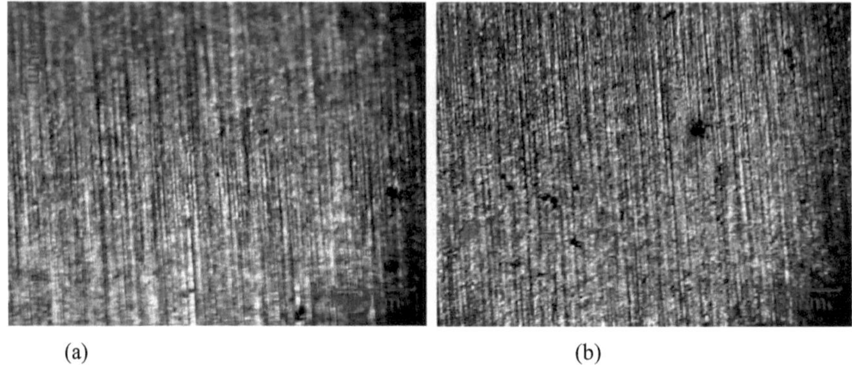

(a) (b)

Fig. 23 (a), (b): Morfologia da superfície ao retificar com CO líquido$_2$ em duas posições diferentes da superfície rectificada.

A Fig. 24(a)-(b) mostra a morfologia da superfície ao retificar Inconel 718 com água de sabão de microjacto assistido por CO_2 líquido. Aparentemente, a superfície não apresenta quaisquer fissuras ou defeitos. Isto pode dever-se à baixa temperatura de retificação alcançada pelo líquido de arrefecimento CO_2 a baixa temperatura e ao microjacto de água com sabão, que reduziu a fricção e outros defeitos térmicos. As marcas de assentamento não foram muito observadas devido ao aumento da dureza da peça de trabalho, o que implica que processos como a lavra e a fricção contribuíram principalmente para a remoção de material, levando a um aumento das forças.

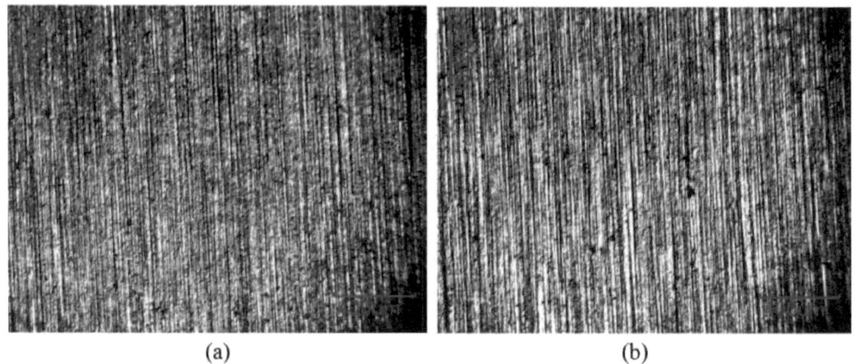

(a) (b)

Fig. 24 (a), (b): Morfologia da superfície em dois locais diferentes da peça rectificada utilizando CO líquido$_2$ e microjacto de água com sabão

6.2.2 RUGOSIDADE DA SUPERFÍCIE

A rugosidade da superfície é quantificada pelos desvios na direção do vetor normal de uma superfície real em relação à sua forma ideal. Se estes desvios forem grandes, a superfície é rugosa; se forem pequenos, a superfície é lisa. Neste trabalho, os valores de rugosidade foram fornecidos por um aparelho de teste de rugosidade superficial, o Surftest. A retificação da superfície foi efectuada ao longo da direção longitudinal da peça de trabalho. Por conseguinte, a rugosidade média da superfície (Ra) e a rugosidade máxima da superfície (Rz) foram medidas em seis locais diferentes, traçando o estilete do perfilómetro ao longo da superfície da peça de trabalho, perpendicularmente à direção de retificação. A superfície da peça de trabalho, se estiver molhada, foi limpa com um pano fino antes de qualquer medição. Foi calculada uma média da rugosidade média da superfície (R_a) e da rugosidade máxima da superfície (R_z). Os resultados obtidos são apresentados na Fig. 25(a)-(b).

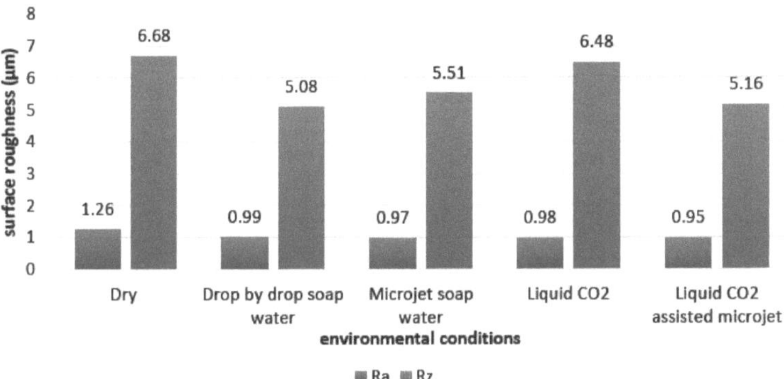

Fig. 25(a): Comparação da rugosidade da superfície do Inconel 718 após 20 passagens (réplica 1)

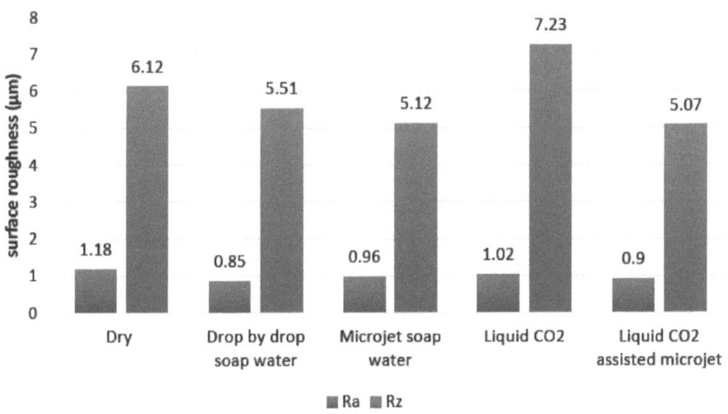

Fig. 25(b): Comparação da rugosidade da superfície do Inconel 718 após 20 passagens (réplica 2)

Evidentemente, a rugosidade média mais elevada da superfície (R_a) é obtida no caso da retificação a seco e a retificação com água de sabão líquida assistida por microjacto de CO_2 é responsável pela menor rugosidade da superfície. Na retificação a seco, as elevadas temperaturas de retificação devidas à ausência de qualquer líquido de arrefecimento danificam e deformam a superfície, tornando-a suscetível a defeitos sob a forma de microfuros e fissuras. Também se observam marcas de assentamento ou marcas de vieiras, que são responsáveis pela rugosidade inerente da superfície. Na retificação de Inconel 718 com CO líquido$_2$ assistido por microjactos de água com sabão, são atingidas baixas temperaturas por arrefecimento criogénico, o que reduz a fricção e os defeitos relacionados com a superfície. As marcas de assentamento obtidas são em número insignificante, pelo que a superfície tem a rugosidade mais baixa. A tabela 10 indica os defeitos da superfície nas várias condições ambientais utilizadas.

Quadro 10: Qualidade da superfície e defeitos em diferentes condições ambientais

	Seco	Gota a gota	Microjacto	CO líquido$_2$	CO líquido$_2$ com microjacto
Queimadura da superfície	Não	Não	Não	Não	Não
Redeposição de chips	Não	Não	Não	Não	Não
Fissuras superficiais	Não	Não	Não	Não	Não
Formação de rebarbas	Sim	Sim	Sim	Sim	Sim

A rugosidade e a qualidade da superfície, embora sejam parte integrante da integridade da superfície, não determinam totalmente a rectificabilidade de um material. Os defeitos superficiais e/ou sub-superficiais aparentemente invisíveis, induzidos pela deformação/transformação do material e pelas temperaturas, também devem ser tidos em conta. No entanto, este estudo limita-se apenas à rugosidade e à qualidade da superfície. A superfície do solo após cada condição ambiental não apresenta quaisquer fissuras ou defeitos. Este facto deve-se à propriedade de resistência a altas temperaturas do material. A rugosidade média mais elevada da superfície (R_a) nesta experiência é obtida no caso da retificação a seco e a retificação com água de sabão líquida assistida por microjacto de CO_2 é responsável pela menor rugosidade da superfície.

6.3 CARGA DAS RODAS

Um dos efeitos prejudiciais das temperaturas de retificação é a carga do rebolo, em que o material rectificado adere aos grãos abrasivos ou fica incrustado nos espaços vazios da superfície do rebolo, produzindo aparas dúcteis. Depois de cada experiência, a carga do rebolo foi fotografada e depois eliminada através de uma ferramenta de dressagem com ponta de diamante. As imagens são apresentadas nas Fig. 26(a)-(e).

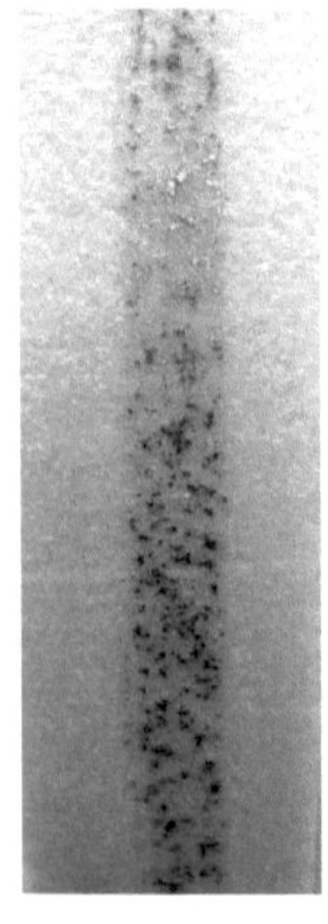

(a): dry

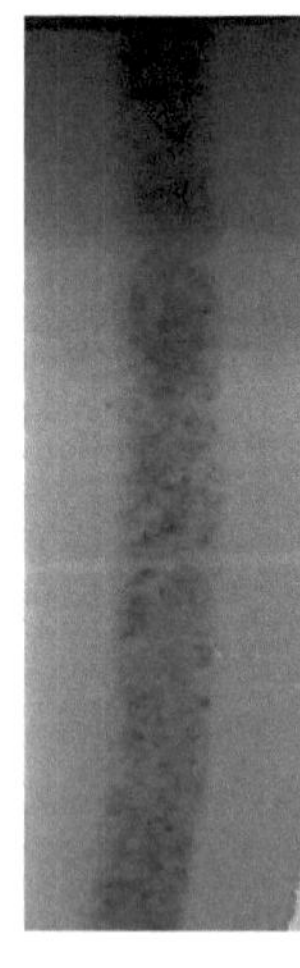

(b): drop by drop

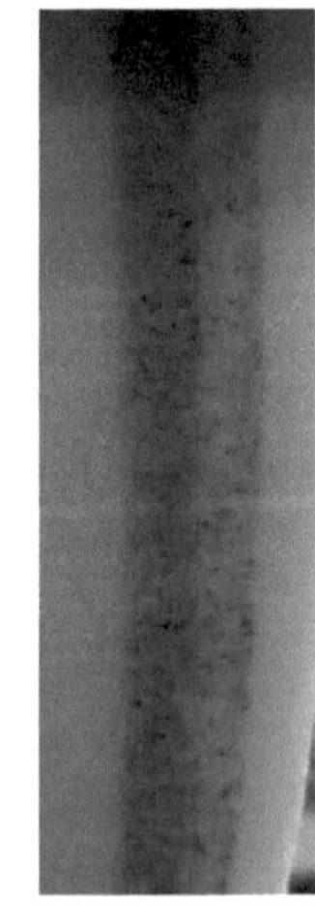

(c): microjet delivery

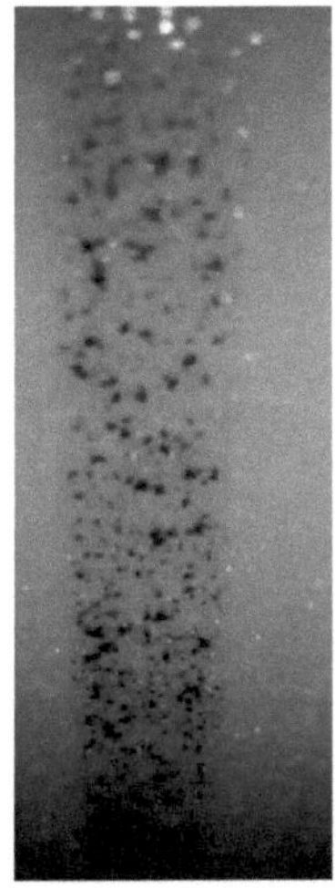

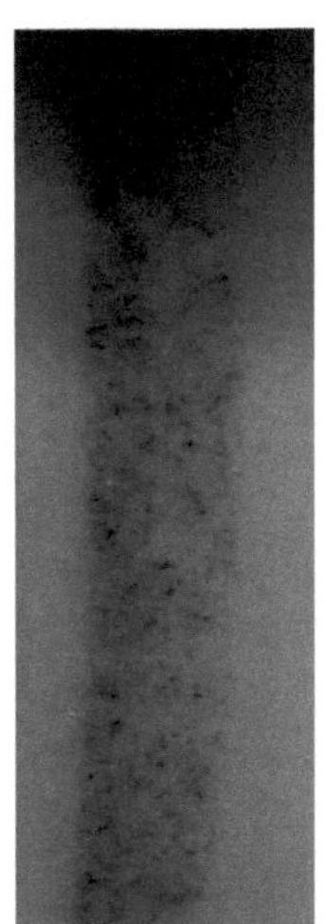

(d): moagem assistida por CO líquido 2 (e): CO líquido2 com trituração por microjacto

Fig. 26(a)-(e): Imagens do carregamento das rodas

Observa-se claramente que a roda é carregada ao máximo no caso da retificação a seco. Isto pode dever-se à ausência de qualquer fluido de corte que poderia ter lavado as limalhas microscópicas e/ou os grãos da zona de retificação. Muitas limalhas ficam obstruídas nos espaços intergrãos. A carga do rebolo não é, no entanto, uniforme. Isto indica que a afiação automática do rebolo ocorreu em alguns locais, dando origem a grãos novos na superfície do rebolo. A geração de forças elevadas é também o resultado de uma carga intensa do rebolo. Observa-se uma menor carga no rebolo no caso do CO líquido2 com microjactos de água com sabão. Isto deve-se aos jactos de CO líquido2 e de água com sabão que penetram na zona de retificação e transportam as aparas e os grãos removidos, diminuindo assim a carga sobre a roda. Além disso, a baixas temperaturas, o aumento da dureza do Inconel 718 resultou numa menor carga do rebolo. Isto é evidente na Fig. 26(d) onde foi empregue CO líquido2 . A Fig. 26(c) mostra uma tira de carga de roda com maior intensidade num dos lados da tira. Esta parte não foi afetada pelo microjacto utilizado, uma vez que este não conseguiu atingir esta parte. A outra parte foi lavada pelo jato de alta velocidade, reduzindo a carga da roda.

6.4 ESTUDO DO CHIP

As diferentes morfologias das aparas revelam diferentes modos de remoção de material na retificação. As aparas obtidas são de tamanho microscópico. São colocadas num estéreo-microscópio de alta resolução e são tiradas várias fotografias com uma câmara a ele ligada. As aparas foram recolhidas a partir da 17ª passagemth num coletor em forma de funil mantido tangencialmente à direção de rotação da mó. A Fig. 27 mostra a morfologia das aparas no caso da retificação de Inconel 718 com um avanço de 10 pm em condições secas.

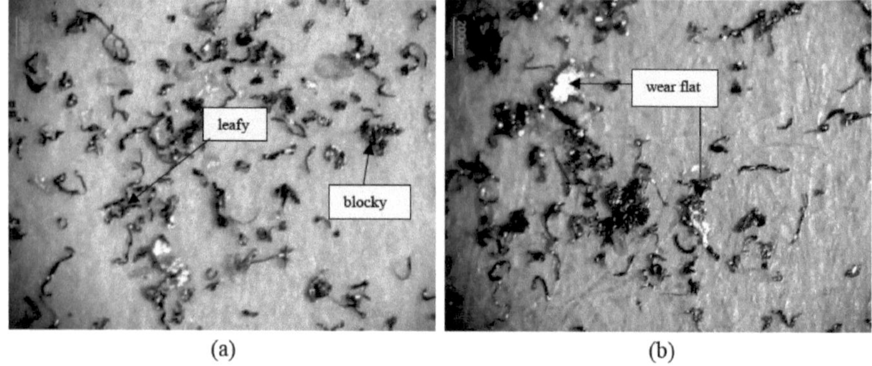

(a) (b)

Fig. 27(a), (b): Morfologia das aparas em condições secas com aparas recolhidas 17th passagem em diante

Obteve-se uma grande variedade de formas e tamanhos de aparas. Observa-se uma quantidade significativa de grãos, indicando a ocorrência de arrancamento de grãos devido à elevada carga da roda. Observam-se lascas em blocos e fragmentadas. Também se observam aparas de folhas finas enroladas, de natureza descontínua, o que indica que o cisalhamento é o principal modo de remoção de material, o que é altamente favorável. Mas a formação de limalhas curtas descontínuas num material dúctil como o Inconel 718 resulta num acabamento superficial deficiente e num desgaste excessivo da ferramenta [68]. Este facto é confirmado pela Fig. 20(a). Também se observam dois planos de desgaste, que aumentam as forças de retificação tangenciais e normais, uma vez que estas forças são diretamente proporcionais à área dos planos de desgaste [49]. Obtêm-se algumas limalhas coloridas, avermelhadas e castanhas, o que significa um aumento elevado da temperatura e consequente queima das limalhas.

A Fig. 28(a)-(b) mostra limalhas na retificação de Inconel 718 com aplicação gota a gota de água com sabão. As limalhas de tipo fluido, longas e delgadas, são as mais observadas. Também se observam limalhas do tipo cisalhamento, identificáveis por porções serrilhadas. Isto indica que a mó foi mais ou menos afiada durante a experiência [55]. Também se observam algumas limalhas do tipo fundido, embora em número bastante reduzido. Isto deve-se ao elevado calor gerado, que é conduzido para as limalhas e as funde numa identidade separada devido à oxidação.

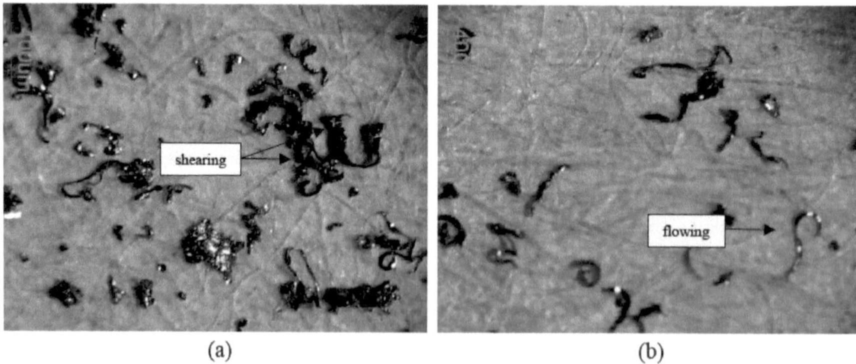

(a) (b)

Fig. 28 (a), (b): Morfologia das aparas sob a aplicação gota a gota de água com sabão com aparas

recolhidas 17th passagem em diante

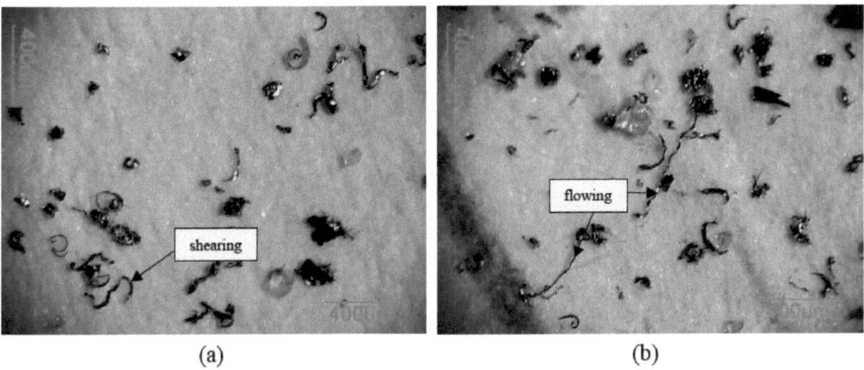

(a) (b)

Fig. 29(a), (b): Morfologia das aparas utilizando microjactos de água com sabão com aparas recolhidas 17th passagem em diante

A Fig. 29(a)-(b) mostra as limalhas observadas na retificação de Inconel 718 com microjactos de água com sabão. São observadas limalhas do tipo cisalhamento e fluxo. Isto indica que o cisalhamento é o principal modo de remoção de material, indicando uma retificação favorável com forças de retificação menores. Também estão presentes algumas limalhas em blocos e fragmentadas devido à carga da mó. A Fig. 29(b) mostra limalhas de tipo fluido juntamente com alguns grãos. As limalhas de tipo fluido indicam uma elevada qualidade da superfície da peça rectificada e os grãos estão presentes devido ao facto de serem puxados para fora da mó [55]. A utilização de um fluido de retificação impediu a formação de qualquer limalha esférica.

A Fig. 30(a)-(b) mostra a morfologia das aparas na retificação de Inconel 718 com refrigerante líquido CO_2 . Na Fig. 30(a) observam-se principalmente limalhas do tipo fluxo e do tipo cisalhamento. As limalhas do tipo fluxo são responsáveis pelo acabamento superficial mais baixo obtido nesta condição. Ocorreu a formação de planos de desgaste, aumentando as forças de retificação.

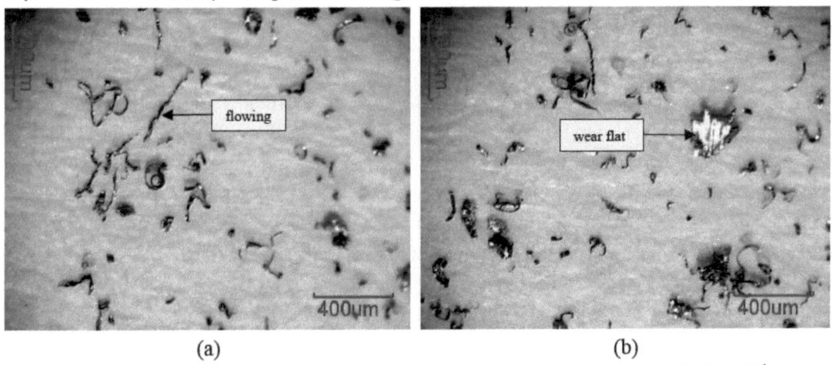

(a) (b)

Fig. 30(a), (b): Morfologia das aparas utilizando CO líquido$_2$ com aparas recolhidas 17th passagem em diante

A Fig. 31(a)-(b) mostra a morfologia das aparas quando se tritura Inconel 718 com CO líquido$_2$ assistido por microjactos de água com sabão.

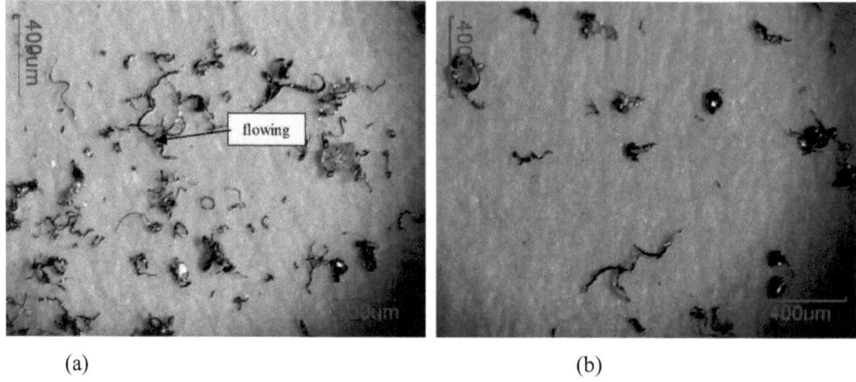

(a) (b)

Fig. 31(a), (b): Morfologia das aparas utilizando CO líquido2 e microjactos de água com sabão com aparas recolhidas 17th passagem em diante

Na maioria dos casos, observam-se limalhas de tipo fluido. Este facto indica a ocorrência de uma afiação automática da roda. Também se observam limalhas fragmentadas em blocos. Isto deve-se ao facto de a peça de Inconel 718 ser submetida a trabalho a frio e a endurecimento por trabalho. Consequentemente, a sua dureza aumenta com uma perda de ductilidade. Também se observa o carregamento da roda.

No geral, as imagens do estereomicroscópio revelam características bastante proeminentes do estudo das aparas. Na retificação a seco do Inconel, observam-se aparas do tipo fundido, devido à elevada temperatura gerada. A retificação a húmido, quer com aplicação gota a gota, quer com microjactos de água com sabão, produz limalhas do tipo fluido, longas e finas por natureza, responsáveis por um bom acabamento da superfície. Também se observam aparas do tipo cisalhamento, responsáveis por baixas forças de retificação. A utilização de um refrigerante (CO líquido2 , neste caso) resulta na formação de limalhas do tipo bloco e fragmentadas, e do tipo fluxo. O aumento da dureza da peça a baixa temperatura pode ser responsável por este facto.

6.5 RÁCIO DE MOAGEM (OU RÁCIO G)

A relação de retificação é definida como a relação entre a taxa de remoção de material e a taxa de remoção de material da roda. Assim, quanto maior for o rácio G, melhor é a capacidade de desbaste. Mas isto nem sempre é verdade. Por exemplo, o rebolo pode ser demasiado duro para o material da peça, o que pode provocar um aumento das forças e levar a uma má textura da superfície e a vibrações. O rácio G para duas experiências replicadas é apresentado na Fig. 32(a) e (b), respetivamente. A razão G mais elevada é obtida no caso de microjactos de moagem assistida por água com sabão e moagem assistida por CO_2 líquido do Inconel 718 na presente investigação. A utilização de água com sabão como fluido de retificação resultou numa retificação eficiente da peça de trabalho; por conseguinte, foi conseguida uma maior remoção de material. A utilização de CO líquido2 tornou a peça de trabalho dura, pelo que a média de material removido por passagem foi menor. Consequentemente, o desgaste da mó foi menor. Isto resultou num rácio G mais baixo. A retificação a seco apresentou um rácio G bastante baixo, obviamente devido ao aumento da remoção da mó devido à carga intensa da mó. A Fig. 32(b) representa uma natureza bastante semelhante da relação G. Como esperado, a aplicação de microjactos de água com sabão resultou no rácio G mais elevado, enquanto a retificação a seco apresentou o rácio G mais baixo deste trabalho. As variações do rácio G podem normalmente ser atribuídas a operações incorrectas ou inadequadas de afinação e de acabamento do rebolo antes da experiência propriamente dita. No entanto, por vezes as variações podem ser causadas pela não uniformidade ou por outras variações na composição do próprio rebolo.

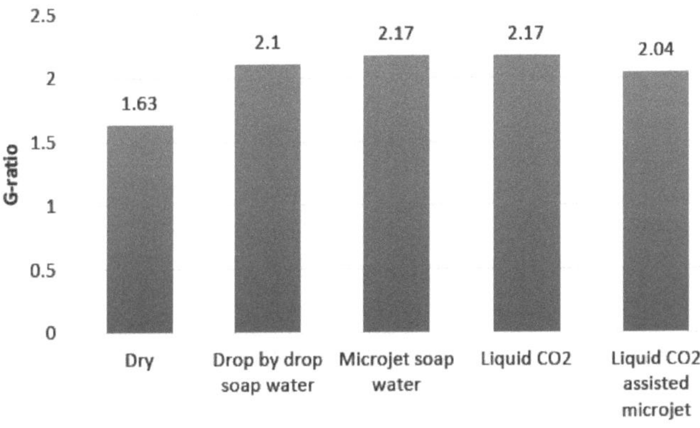

Fig. 32(a): Comparação do rácio G completado após 20 passagens para a réplica 1

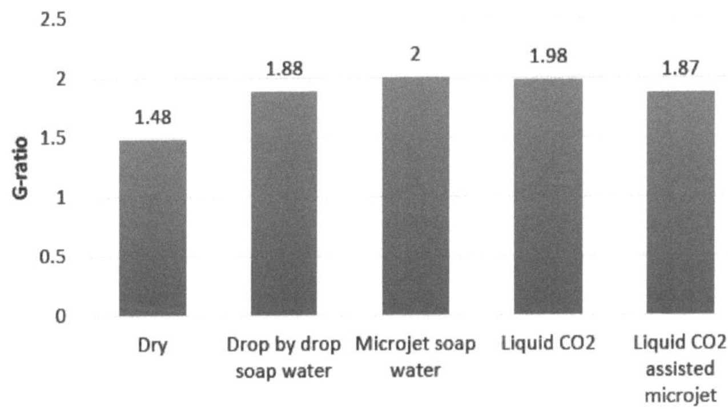

Fig. 32(b): Comparação do rácio G completado após 20 passagens para a réplica 2

6.6 NECESSIDADE ESPECÍFICA DE ENERGIA

O requisito de energia específica é um índice significativo da capacidade de retificação, que é a energia necessária para retificar por unidade de volume de material removido. É expressa em Joules por mm^3 e depende principalmente da componente tangencial da força de retificação (F_t). A energia específica necessária na retificação é normalmente oito a dez vezes superior à da maquinagem convencional. Este facto deve-se à geometria aleatória complexa dos grãos com ângulos de ataque altamente negativos.

A energia específica (U_g) é avaliada a partir da seguinte equação:

$Ug = \frac{Ft \times Vc}{B \times d \times Vw}$ J/mm^3 ; onde, Ft é a componente tangencial da força em Newton, V_c é a velocidade de retificação em m/s, B é a largura da peça (mm), d é o avanço (mm) e V_w é o avanço do trabalho (m/s).

As Figs. 33(a) e (b) representam a energia específica necessária para triturar Inconel 718 após um intervalo regular de cinco passagens correspondentes às réplicas 1 e 2 das experiências.

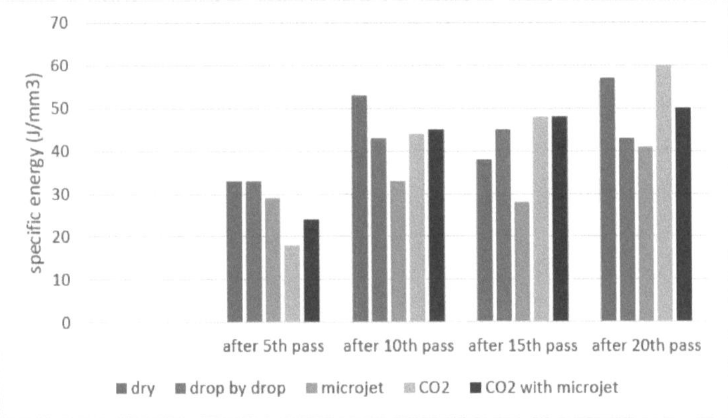

Fig. 33(a): Comparação da energia específica para a replicação 1

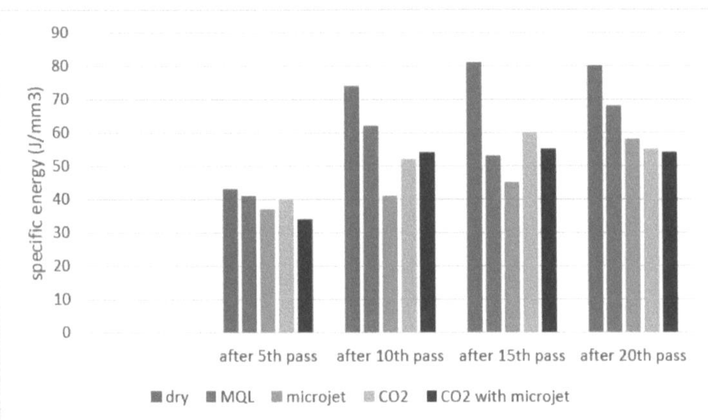

Fig. 33(b): Comparação da energia específica para a replicação 2

Durante as poucas passagens iniciais, as forças de retificação são menores devido a avanços mais pequenos e à propriedade elástica do sistema mó-trabalho. Exceto nas cinco passagens iniciais, a retificação com microjactos de água com sabão apresentou a energia específica mais baixa, como se pode ver na Fig. 33(a). Isto pode dever-se ao facto de a água com sabão ser um bom agente lubrificante que pode ter penetrado bem na zona de retificação, reduzindo o atrito e as forças tangenciais. Como tal, a energia necessária para superar as forças de atrito diminuiu. A utilização de CO líquido$_2$ aumentou a necessidade de energia específica, o que pode dever-se ao aumento da dureza do material a uma temperatura tão baixa. A retificação a seco também apresentou uma energia específica elevada devido ao aumento do atrito devido à ausência de qualquer fluido de retificação. A trituração com CO líquido$_2$ e a aplicação de microjactos de água com sabão apresentaram uma energia específica elevada, quase tão elevada como a trituração a seco. As Fig. 23 (a) e (b) mostram que a aplicação de microjactos de água com sabão consome uma energia específica mínima no conjunto. A moagem a seco resultou na maior necessidade de energia, o que pode ser atribuído a um elevado aumento do atrito, ao desgaste dos grãos e à ausência de qualquer efeito lubrificante.

6.7 MEDIÇÃO DA MICRODUREZA

A microdureza da peça de trabalho Inconel 718 foi medida após cada experiência e foi apresentada na Fig. 34. O ensaio de dureza Vickers foi efectuado com um indentador de diamante de base quadrada sujeito a uma carga de 500 gms durante um tempo de permanência de 10 segundos. A dureza Vickers é calculada medindo os comprimentos das duas diagonais da indentação. A dureza difere de grão para grão, em resultado do que as variações são mostradas sob a forma de barras de erro projectadas nos valores médios de dureza, mostrados na Fig. 34. As amostras de Inconel atingiram uma dureza elevada após a retificação com CO líquido$_2$ e utilizando microjactos devido a taxas de arrefecimento comparativamente elevadas.

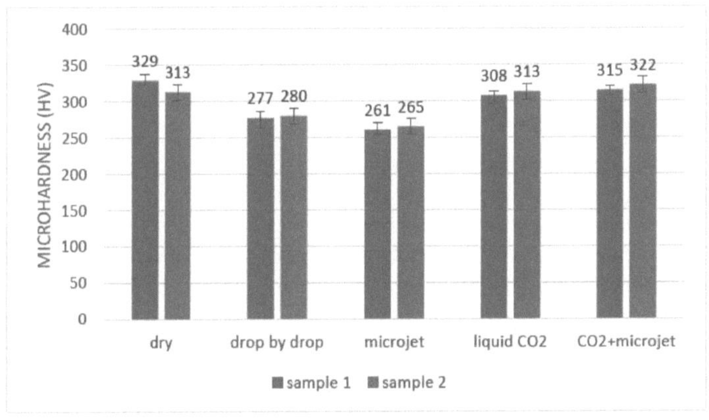

Fig. 34: Comparação da dureza das amostras de Inconel 718

Capítulo 7: CONCLUSÃO

Foi efectuado um estudo comparativo da capacidade de retificação do Inconel 718 com uma mó de alumina em cinco condições ambientais diferentes. As conclusões são as seguintes:

• A retificação com microjactos de água com sabão apresentou as menores forças de retificação devido à lubrificação eficaz conseguida pelo jato de água com sabão a alta velocidade. A retificação assistida por CO_2 líquido apresentou as forças de retificação mais elevadas devido ao trabalho a frio e subsequente endurecimento da peça a baixa temperatura.

• A superfície rectificada com CO líquido$_2$ revelou-se lisa e isenta de defeitos devido à utilização do líquido de arrefecimento CO_2 , que reduziu a temperatura de retificação e os defeitos térmicos associados. Foram observadas rebarbas laterais em todos os casos. A rugosidade média da superfície foi a mais baixa no caso do co2 líquido e da retificação assistida por microjacto de água com sabão. A rugosidade superficial mais elevada foi obtida no caso da retificação a seco.

• O estudo das aparas com um estéreo-microscópio revelou dois tipos de aparas: cisalhamento e fluxo. A utilização de CO líquido$_2$ resultou na formação de limalhas em blocos e fragmentadas, e de limalhas de tipo fluido. No caso de trituração a seco, observam-se planos de desgaste e limalhas coloridas devido à elevada temperatura na zona de trituração.

• A relação G mais elevada é obtida no caso de microjactos de retificação assistida por água com sabão. A utilização de um fluido de retificação resultou num corte eficiente da peça de trabalho, pelo que se conseguiu uma maior remoção de material, aumentando a relação G. A retificação criogénica registou um rácio G elevado. A retificação a seco apresentou o rácio G mais baixo, obviamente devido ao aumento da remoção da mó devido à maior carga da mó.

• A moagem com microjactos de água com sabão apresentou a energia específica mais baixa de todas as experiências realizadas neste trabalho. Isto deve-se ao facto de a água com sabão ser um bom agente lubrificante que penetrou bem na zona de trituração, reduzindo o atrito e as forças de trituração. A moagem assistida por CO_2 líquido e a moagem a seco consumiram a energia específica máxima.

• O CO líquido$_2$ representa um novo método avançado de arrefecimento amigo do ambiente. O CO líquido$_2$ fornecido evapora-se rapidamente e regressa à atmosfera, sem deixar resíduos nocivos. No entanto, o custo inicial de instalação e de ferramentas é um pouco elevado. Por outro lado, a água com sabão é um método económico de arrefecimento e lubrificação. No entanto, resulta na acumulação de lamas devido a derrames, o que é considerado um perigo no local de trabalho. Assim, a retificação com CO líquido$_2$ e a utilização de um fluido de retificação têm os seus prós e contras. A retificação assistida por co2 líquido resultou numa rugosidade superficial mais baixa, bem como em aparas favoráveis. O rácio G também foi favorável. No entanto, as forças obtidas foram elevadas. A utilização de água com sabão sob a forma de microjacto resultou em forças de moagem bastante reduzidas e numa relação G elevada. A necessidade de energia específica também foi baixa.

• No que respeita à saúde e segurança da máquina-ferramenta e do operador, o esforço para encontrar uma técnica de maquinagem alternativa tem sido direcionado para a retificação a seco ou quase seco. No entanto, a utilização de CO_2 líquido como fluido de arrefecimento no caso da retificação de uma liga resistente a altas temperaturas, como o Inconel 718, pode não ser recomendada, uma vez que aumenta as forças e a energia específica. A retificação com microjactos de água com sabão pode ser recomendada, uma vez que reduz as forças de retificação e o consumo específico de energia, promove um bom acabamento superficial, aumenta a relação G e produz aparas de retificação favoráveis. Além disso, o processo é económico, uma vez que é utilizada uma microbomba que consome apenas 10 W de potência.

REFERÊNCIAS

1. Jain, R. K., Production Technology, Khanna Publishers, New Delhi, p. 623, 2011.

2. manufacturing.stanfbrd.edu/processes/Grinding.pdf (Acesso em 14/08/2015).

3. Chattopadhyay, A. B., Machining and Machine Tools, Wiley India Private Limited, Nova Deli, p. 347, 2011.

4. http://www.abrasiveengineering.com/speeds.htm (Acedido em 16/08/2015).

5. Ghosh, S., Chattopadhyay, A.B., Paul, S., Modelling of specific energy requirement during high-efficiency deep grinding, International Journal of Machine Tools and Manufacture, Vol. 48, Issue 11, pp. 1242-53, 2008.

6. Malkin, S., Grinding Technology: Teoria e Aplicação da Maquinação com Abrasivos, Ellis Harwood Publication, USA,1990.

7. Öpöz, T. T., Chen, X., Experimental study on single grit grinding of Inconel 718, Proceedings of the Institution of Mechanical Engineers, Part B Journal of Engineering Manufacture, Vol. 229, Issue 4, pp. 713-726, 2014.

8. Komanduri, R., Some aspects of machining with negative rake tools simulating grinding, International Journal of Machine Tool Design and Research, Vol. 11, Issue 3, pp. 223-233, 1971.

9. Wang, H., Subhash, G., Chandra, A., Characteristics of single-grit rotating scratch with a conical tool on pure titanium, Wear, Vol. 249, Issue 7, pp. 566-581, 2001.

10. http://www.andreabrasive.com/technical-description/rules-for-selection-of-abrasive-tool-characteristics-to-grinding-operations (Acedido em 16/08/2015).

11. http://www.waybuilder.net/freeed/Resources/Trades/Indust/machinist01/pics/ch05.h96.gif (Acedido em 18/08/2015).

12. http://www.nptel.ac.in/courses/112105127/pdf/LM-28.pdf (Acedido em 18/08/2015).

13. http://server2.smithy.com/media/jpg/machining%20handbook/Chapter_8/5-9.jpg (Acedido em 19/08/2015).

14. Konig, W., Schmaltz, H. L., Loading of the grinding wheel phenomenon and measurement, Annals of the CIRP, Vol. 27, Issue 1, pp. 217-220, 1978.

15. Snoeys, R., Maris, M., Peters, J., Thermally induced damage in grinding, Annals of the CIRP, Vol. 27, Issue 2, pp. 571-581, 1978.

16. Irani, R. A., Bauer, R. J., Warkentin, A., A review of cutting fluid application in the grinding process, International Journal of Machine Tools and Manufacture, Vol. 45, Issue 15, pp. 1696-1705, 2005.

17. Shaji, S., Radhakrishnan, V., A study on calcium fluoride as a solid lubricant in grinding, International Journal of Environmentally Conscious Design & Manufacturing, Vol. 11, Issue 1, pp. 1-5, 2003.

18. Klocke, F., Eisenblätter, G., Dry cutting, Annals of the CIRP-Manufacturing Technology, Vol. 46, Issue 2, pp. 519-526, 1997.

19. Gillespie, L. K., Deburring Technology for Improved Manufacturing, Society of Manufacturing, Reino Unido, 1981.

20. Sudermann, H., Reichenbach, I. G., Aurich, J.C., Analytical modeling and experimental investigation of burr formation in grinding, Proceedings of the Institution of Mechanical Engineers Part B Journal of Engineering Manufacture, Vol. 220, Issue 4, pp. 489-497, 2006.

21. http://www.nptel.ac.in/courses/112105127/pdf/LM-27.pdf (Acedido em 20/08/2015)

22. Chattopadhyay, A. B., Machining and Machine Tools, Wiley India Private Limited, Nova Deli, p. 348, 2011.

23. Ezugwu, E., Bonney, J., Yamane.Y., An overview of the machinability of aeroengine alloys, Journal of Materials Processing Technology, Vol. 134, Issue 2, pp. 233-253, 2003

24. Aerospace Material Specification, Publicação SAE, 1989.

25. Colwell, L.V., Lane, R.O., Suderland, K.N., On determining the hardness of grinding wheels, Journal of Engineering for Industry, Vol. 84, Issue 1, pp.113-126, 1962.

26. Peklenik, J., Opitz, H., Testing of grinding wheels, Proceedings of the Third International Machine Tool Design and Research Conference, Birmingham, p. 163, 1962.

27. Colwell, L. V., Lane, R. O., Soderlund, K. N., On determining the hardness of grinding wheels, Journal of Engineering for Industry, Transactions of the ASME, Vol. 84, Issue 1, 1962.

28. Peters, J., Snoeys, R., Decneut, A., Sonic testing of grinding wheels, Proceedings of the Ninth International Machine Tool Design and Research Conference, p.1113, 1968.

29. Stoloff, N. S., Iron-aluminides: present status and future prospects, Materials science and engineering, Vol. 258, Issue 1, pp. 1-14, 1998.

30. Groover, M.P., Fundamentals of modern manufacturing: materials, processes and systems, Prentice-Hall International Ed, New Jersey, 1996.

31. Malkin, S., Guo, C., Thermal analysis of grinding, Annals of the CIRP, Vol. 56, Issue 2, pp.760-765, 2007.

32. Malkin, S., Cook, N. H., The wear of grinding wheels, part I: attritious wear, Transactions of the ASME Journal of Engineering for Industry, Vol. 93, Issue 4, pp.1120-1128, 1971.

33. Kato, T., Fuji, H., Temperature Measurement of Workpiece in Surface Grinding by PVD Film Method, Journal of Manufacturing Science and Engineering, Vol. 119, Issue 4B, pp. 689-694, 1997.

34. Ueda, T., Tanaka, H., Torii, A., Matsuo, T., Measurement of grinding temperature of active grains using infrared radiation pyrometer with optical fiber, Annals of CIRP- Manufacturing Technology, Vol. 42, Issue 1, pp. 405-408, 1993.

35. Nee, A. Y. C., Tay, A. O., On the measurement of surface grinding temperature, International Journal of Machine Tool Design and Research, Vol. 21, Issue 3-4, pp. 279291, 1981.

36. Mandal, B., Majumdar, S., Das, S., Banerjee, S., Formation of a significantly less stiff air layer around a grinding wheel with a rexine leather pasted wheel, International Journal of Precision Technology, Vol. 2, Issue 1, pp. 12-20, 2011.

37. Das, S., Sharma, A.O., Singh, S.S., Nahate, S.V., Grinding performance through effective application of grinding fluid, Proceedings of the International Conference on Manufacturing, pp.231-239, Dhaka, Bangladesh, 2000.

38. Babic, D., Murray, D. B., Torrance, A. A., Mist jet cooling of grinding processes, International Journal of Machine Tools and Manufacture, Vol. 45, Issue 10, pp. 1171-1177, 2005.

39. Sluhan, A., Clyde, A., Grinding with water miscible grinding fluids, Lubrication Engineering, Vol. 27, Issue 10, p. 366, 1970.

40. Mahata, S., Mandal, B., Mistri, J., Das, S., Effect of fluid concentration using a multinozzle on grinding performance, International Journal of Abrasive Technology, Vol. 6, Issue 4, pp. 257-268, 2014.

41. Mandal, B., Majumdar, S., Das, S. and Banerjee, S, Predictive modelling and investigation on the formation of stiff air-layer around the grinding wheel, Advanced Materials Research, Vols. 83-86, pp. 654-660, 2010.

42. White, F. M., Viscous Fluid Flow, McGraw-Hill, Inc., Second Edition, York, 1999. Segunda edição, Nova Iorque, 1999.

43. Mahata, S., Mistri, J., Mandal, B., and Das, S., A comparative study of grinding performance using different fluid delivery techniques, Journal of the Association of the Engineering, India, Vol. 83, Issue 3-4, pp. 63-70, 2013.

44. Engineer, F., Guo, C. e Malkin, S., Experimental measurement of fluid flow through the grinding zone, Transactions of the ASME, Journal of Engineering for Industry, Vol. 114, Issue 1, pp.61-66, 1992.

45. Singh, V., Ghosh, S., Rao, P. V., Grindability Improvement of composite ceramic with cryogenic coolant, Proceedings of the World Congress on Engineering, London, Vol. 2, 2010.

46. Paul, S., Chattopadhyay, A.B., A study of effects of cryogenic cooling in grinding, International Journal of Machine Tools and Manufacture, Vol. 35, Issue 1, pp. 109-117, 1995.

47. Shen, B., Shih, A. J., Tung, S. C., Application of nanofluids in minimum quantity lubrication grinding, Tribology Transactions, Vol. 51, Issue 6, pp. 730-737, 2008.

48. Hecker, R. L., Liang, S. Y., Wu, X. J., Xia, P., Jin, D. G. W., Grinding force and power modelling based on chip thickness analysis, International Journal of Advanced Manufacturing Technology, Vol. 33, Issue 5, pp. 449-459, 2007.

49. Malkin, S., Cook, N. H., The wear of grinding wheels: Part 1- attritious wear, Transactions of the ASME, Journal of Engineering for Industry, Vol. 93, Issue 4, pp. 1120-1128, 1971.

50. Tanga. J., Dua, J., Chena, Y., Modelação e estudo experimental das forças de retificação na retificação de superfícies, Journal of Materials Processing Technology, Vol. 209, Issue 6, pp. 28472854, 2009.

51. Mishra, V. K., Salonitis, K., Empirical estimation of grinding specific forces and energy based on a modified Werner grinding model, Procedia CIRP, Vol. 8, Issue 3, pp. 287-292,

2 013.

52. Azizi, A., Mohamadyari, M., Modelação e análise das forças de retificação com base no risco de um único grão, International Journal of Advanced Manufacturing Technology, Vol. 78, Issue 5, pp. 1223-1231, 2015.

53. Loria, E. A., Recent developments in the progress of superalloy 718, The Journal of The Minerals, Metals & Materials Society, Vol. 44, Issue 6, pp. 33-36, 1992.

54. Costes, J. P., Guillet, Y., Poulachon, G., Dessoly, M., Tool-life and wear mechanisms of cBN tools in machining of Inconel 718, International Journal of Machine Tools and Manufacture, Vol. 47, Issues 7-8, pp. 1081-1087, 2007.

55. Tso, P. L., Study on the grinding of Inconel 718, Journal of Materials Processing Technology, Vol. 55, Issues 3-4, pp. 421-426, 1995.

56. Zhenzhen, C., Jiuhua, X., Wenfeng, D., Changyu, M., Avaliação do desempenho de moagem de rodas CBN ligadas a compósitos porosos para Inconel 718, Chinese Journal of Aeronautics, Vol. 27, Issue 4, pp. 1022-1029, 2014.

57. Sinha, M. K., Setti, D., Ghosh, S., Rao, P. V., An investigation into selection of optimum dressing parameters based on grit size of grinding wheel, Proceedings of the 5th International & 26th All India Manufacturing Technology, Design and Research Conference, Guhawati,

2 014.

58. Pavan, R. B., Kiran, G. B., Srikant, R. R. Gopal, A. V., Investigações sobre a retificação de Inconel 718 utilizando mós impregnadas de nanoplaquetas de grafeno recentemente desenvolvidas, 5th International & 26th All India Manufacturing Technology, Design and Research Conference, Guwahati, 2014.

59. Su, Y., N. He, N., Xiao, M., Xu, S et al., Refrigerated cooling air cutting of difficult-to-cut materials, International Journal of Machine Tools and Manufacture, Vol. 47, Issue 6, pp. 927-933, 2007.

60. Pusavec, F., Hamdi, H., Kopac, J., Jawahi, I., Surface integrity in cryogenic machining of nickel based alloy- Inconel 718, Journal of Materials Processing Technology, Vol. 211, Issue 4, pp. 773-783, 2011.

61. Fernández, D., García, V., Sandá, A., Bengoetxea, I., Comparação da maquinação de Inconel 718 com refrigerante convencional e sustentável, MM Science Journal, Vol. 4, pp. 506-510, 2014.

62. Schirra, J. J., Effect of heat treatment variations on the hardness and mechanical properties of wrought Inconel 718, Proceedings of the Superalloys 718, 625, 706 and Various Derivatives, pp. 431-438, Pittsburgh, 1997.

63. Tso, P. L., An investigation of chip types in grinding, Journal of Materials Processing Technology, Vol. 53, Issue 14, pp. 521-532, 1995.

64. Ezugwu, E. O., Bonney, J., da Silva, R. B., Machado, A. R., Evaluation of the performance of different nano-ceramic tool grades when machining nickel-base Inconel 718 alloy, Journal of the Brazilian Society of Mechanical Sciences and Engineering, Vol. 26, Issue 1, pp. 12-16, 2004.

65. Liao, Y. S., Shiue, R. H., Carbide tool wear mechanism in turning of Inconel 718, Wear, Vol. 193, Issue 1, pp. 16-24, 1996.

66. Dasgupta, S., Kirtania, M., Nandy, A. K., Ghosh, S., Chattopadhyay, A. K., Effects of applying soluble oil, sodium nitrite and liquid nitrogen on grindability of Inconel 718, Proceedings of the 20th All India Manufacturing Technology, Design and Research Conference, Mesra, pp. 104-110, 2003.

67. Anderson, M., Patwa, R., Shin, Y. C., Laser-assisted machining of Inconel 718 with an economic analysis, International Journal of Machine Tools & Manufacture Vol. 46, Issue 14, pp. 1879-189, 2006.

68. http://mechanicalbuzz.com/types-of-chips-continuous-discontinuous-segmental- continuous-with-built-up-edge.html (Acedido em 08/07/2016).

Printed by Books on Demand GmbH, Norderstedt / Germany